JN056953

入試問題研究

# 大学数学への道

新装版

## 受験だけの数学で終わらせないために

米谷達也・斉藤 浩 著

現代数学社

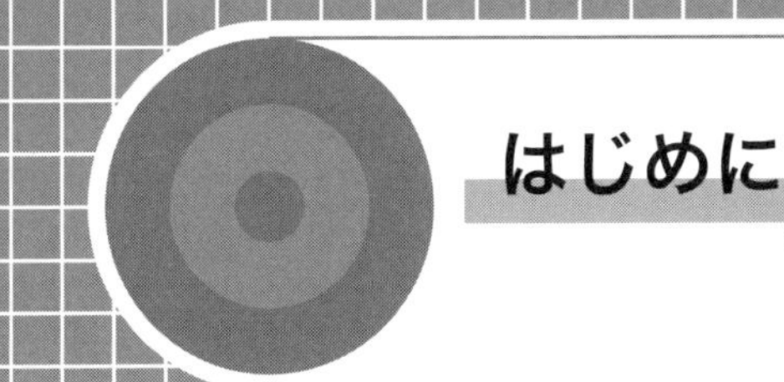

# はじめに

大学入試の数学は，その性質上，個々の問題が何らかの数学的テーマを示唆するというよりも，断片的なテクニックの寄せ集めという印象があります．一題の入試問題が一つの数学的テーマの本質を捉えているという例は希少であり，入試の数学（というジャンルがあるとすれば）は，実際には予め解けるように仕組まれた小作品とでもいうべき問題群からなっています．

筆者らは，大学受験指導の現場において，何らかのストーリーを組み立てた教材を用いて指導をしています．学生たちは，入試会場ではパン食い競争のように目の前の問題に喰いつかなければならないので，その問題の背後にある理論に思いを馳せるような余裕は当然ありません．しかし，試験の準備のために机上で学ぶ学生には，各論のアラカルトというよりも，少しでも意味の読み取れるストーリーを提供した方が，受験勉強が知的好奇心に彩られた豊かなものになるのではないかと考えています．全ての入試問題に対してこのような意味付けをすることはできませんが，問題によっては，その背後に出題者が念頭においている数学的テーマが見え隠れしています．

この連載では，以上のような問題意識をもって，「大学で学ぶ数学」と「大学入試の数学」とを架橋することを試みてみたいと考えています．

2008 年 3 月

米谷達也・斉藤　浩

(連載初回に序文として掲載)

## 単行本化にあたり

本書は，月刊「理系への数学」(現代数学社）において，2008 年 6 月号から 2009 年 8 月号まで「大学数学と入試問題研究」のタイトルで 13 回に渡り連載したものに，紹介した問題の略解を一部加筆して 1 冊にまとめたものです.

学習指導要領との関係への言及などについては現状と異なる部分もありますが，連載当時のままで収録していますので，当時からの状況の変化をここで整理しておきます．本編の前にご一読ください.

平成 24 (2012) 年度の高校 1 年生から新しい学習指導要領に対応した教科書・授業が進行しています．いわゆる「新課程」の大学入試は平成 27 (2015) 年度入試から実施されます．本書に「高校数学」と言及されている学習指導要領のもとでの大学入試は平成 26 (2014) 年度入試までということになります．平成 27 (2015) 年度以降の大学入試を規制する学習指導要領のもとでの変更点を列記します.

第 6 章（行列と線形計算）および第 7 章（1 次変換と固有値問題）の内容は，高校数学では取り扱わないこととなりました.

第 8 章（多項式と複素数）について，連載記事では「取り扱わない」とされていますが，新課程の高校数学で再び取り扱うこととなりました.

第 9 章（暗号理論とフェルマーの小定理）について，連載記事では「高校数学には，整数の数論的な性質について体系立てて取り上げる単元はありません」と記載していますが，新課程の「数学A」において「整数の性質」を独立した単元として取り扱うこととなりました．たとえば，第 10 章（不定方程式と連分数）中の「ユークリッドの互除法」は，教科書に明示的に記載されるようになりました.

第 12 章（応用数学と確率）に関連する変化として，新課程の「数学 I 」では「データの分析」という単元で統計の基礎を学ぶこととなりました．必修のコア・カリキュラムの中に統計が組み込まれたことから，大学入試がどのように対応するのか関心が寄せられています.

2013 年 3 月

## 新装版によせて

本書の刊行（2013 年版，以下「旧版」と呼ぶ）から 10 年を経て，新装版として再生できることになりました．旧版刊行時点は，「新」学習指導要領に基づく平成 27（2015）年度入試を待っているタイミングでした．奇しくも新装版が出る現在も，「新」学習指導要領に基づく令和 7（2025）年度入試を待つタイミングとなっています．学習指導要領（高等学校・数学）の内容には若干の変更点がありますが，本書は受験生の学習参考書というよりも高大接続に関心をお持ちの皆さまに向いている本なので，新装版において特に記載の加除の必要性はないと判断いたしました．

私自身も，最難関大学（理系）を目指す高校生のクラスで，旧版を指定教材とした講義を何度か行ったことがあります．つね日ごろから生徒たちに「問題解法のハウツーばかりを追うのではなく，併せて背景理論を学び，数学界の蓄積への敬意を持てば，望む形の進学は必然だ」と伝えています．大学受験用の問題集に配置されている問題たちの背景を知り，好奇心が刺激され，学ぶ意欲が増していく高校生たちの姿をたくさん見てきました．これが本書の役割なのだと感じる瞬間です．

この 10 年の間に，大学入試センター試験が大学入学共通テストに衣替えしたことをはじめ，教育改革についての議論の蓄積が進み，「高大接続」への関心はさらに増しています．本書のサブタイトルとなっている「受験だけの数学に終わらせないために」という意識は，旧版の当時よりも教育界に，社会に，浸透が進んでいるように感じています．新装版を機会に，さらに次の世代の指導者および高校生の皆さんが，好奇心を燃え立たせ，研鑽に励まれることを期待しています．

米谷達也

## 新装版によせて

2020 年代に入り，コロナ禍や戦争，それに伴う様々な形での分断で世界は困難な時を迎えています．そしてこの時代を生きる人々は，これまでの歴史にはなかった新たな構図の「難しさ」と対峙しています．

誰もが情報の発信者となれるインターネットの世界では，有益な情報を凌駕する勢いで信用するに値しない情報が溢れ，情報の迷宮の入り口を間違えるとすぐに嘘や誤情報だらけの世界に誘導されてしまう危険と常に隣り合わせなのが今の時代です．さらに，ここ 1〜2 年で急激な進化を見せている AI が，それを利用することの意味や影響についての評価が定まらないまま様々な場面で使われ始めており，ネット上の情報を AI に学習させてもっともらしくまとめた情報がまたネット上にばらまかれるということも既に始まっているでしょう．悪意を持って流されるフェイク情報のクオリティも格段に向上しているはずです．

あらゆる情報に簡単にアクセスできても、それが信頼できるものなのか，どう利用すべき情報なのかは結局自分で判断するしかありません．そのために必要な武器は，知識ではなくロジック，それもディベート用ではなく，数学で論証するような客観性のあるロジックです．伝聞した知識を蓄えることに優れた人でも，科学的な根拠が理解できなければ誤情報に対する耐性はありません．逆に，不正確な知識に基づく主張の論理的破綻に気づくことができれば，誤った陰謀論のようなものから身を守ることもできるでしょう．

自然科学／社会科学の成果が意思決定に必要な情報であるとすれば，数学はそれらの背後にあるロジックを支えるものです．数学という共通の言葉があれば，専門外の分野の知識でもロジックの構造は追えるかもしれません．この新装版が，受験のための数学を、今の時代を生き抜くために必要な数学に繋ぐ一歩となることを願ってやみません．

斉藤　浩

# 目 次

**はじめに** i

**第1章 $B$ 関数と $\Gamma$ 関数 〜定積分の縁の下の力持ち〜** **1**

1.1 $n$ 次関数の定積分と $B$ 関数 . . . . . . . . . . . . . . . . . 1

1.2 三角関数の積分と $B$ 関数 . . . . . . . . . . . . . . . . . . 5

1.3 アステロイドと $B$ 関数 . . . . . . . . . . . . . . . . . . . 8

1.4 $\Gamma$ 関数に挑戦 . . . . . . . . . . . . . . . . . . . . . . 12

**第2章 数値計算とテイラー展開 〜粘り強く追い求める〜** **15**

2.1 東大入試に見る数値計算指向 . . . . . . . . . . . . . . . . . 15

2.2 多項式近似とテイラー展開 . . . . . . . . . . . . . . . . . . 18

2.3 ライプニッツ級数とフーリエ級数 . . . . . . . . . . . . . . . 21

2.4 電卓による3乗根の計算とニュートン法 . . . . . . . . . . . 26

**第3章 平均値の定理とその周辺 〜存在を証明する〜** **29**

3.1 ロピタルの定理と $\varepsilon-\delta$ 論法 . . . . . . . . . . . . . . . 29

3.2 平均値の定理と実数の連続性 . . . . . . . . . . . . . . . . . 34

3.3 平均値の定理の応用例 . . . . . . . . . . . . . . . . . . . . 37

3.4 存在を証明する問題 . . . . . . . . . . . . . . . . . . . . . 38

**第4章 絶対不等式の世界 〜相加相乗からコーシー・シュワルツまで〜** **41**

4.1 相加平均と相乗平均の関係 . . . . . . . . . . . . . . . . . . 41

4.2 凸関数とイェンセンの不等式 . . . . . . . . . . . . . . . . . 45

4.3 ベクトル・数列に関する絶対不等式 . . . . . . . . . . . . . . 48

4.4 積分についての絶対不等式 . . . . . . . . . . . . . . . . . . 52

**第5章　チェビシェフの多項式　〜$n$ 倍角から始まる定番メニュー〜　55**

5.1　$n$ 倍角公式とチェビシェフの多項式 . . . . . . . . . 55
5.2　チェビシェフの多項式の性質 . . . . . . . . . 58
5.3　チェビシェフの多項式と複素数平面 . . . . . . . . . 61
5.4　チェビシェフ展開とフーリエ級数 . . . . . . . . . 64

**第6章　行列と線形計算　〜CPU 時間の大量消費者〜　69**

6.1　連立1次方程式と rank . . . . . . . . . 69
6.2　行列の $n$ 乗とケイリー・ハミルトンの定理 . . . . . . . . . 74
6.3　漸化式の行列と行列の漸化式 . . . . . . . . . 76
6.4　スペクトル分解 . . . . . . . . . 79

**第7章　1次変換と固有値問題　〜平面を引き伸ばす/ずらす/回転する〜　81**

7.1　固有値と固有ベクトルの意味 . . . . . . . . . 81
7.2　対角化による行列の $n$ 乗の計算 . . . . . . . . . 85
7.3　固有値が重根となる場合のずらし変換 . . . . . . . . . 88
7.4　回転移動と対称移動 . . . . . . . . . 91
7.5　2次形式 . . . . . . . . . 93

**第8章　多項式と複素数　〜消えたガウス平面〜　95**

8.1　代数学の基本定理 . . . . . . . . . 96
8.2　1の3乗根 $\omega$ の性質 . . . . . . . . . 98
8.3　3次方程式とカルダノの方法 . . . . . . . . . 102
8.4　円分多項式 . . . . . . . . . 105

**第9章　暗号理論とフェルマーの小定理　〜情報社会の「鍵」〜　109**

9.1　京大入試に見る整数の論証問題 . . . . . . . . . 109
9.2　合同式と素数の「星座」 . . . . . . . . . 112
9.3　有限群とオイラーの定理 . . . . . . . . . 115
9.4　フェルマーの小定理と公開鍵暗号 . . . . . . . . . 118

**第10章 不定方程式と連分数　～数論アラカルト～** **123**

10.1 ピタゴラス数とディオファントス方程式 . . . . . . . . . . . 123
10.2 ペル方程式と二次体 . . . . . . . . . . . . . . . . . . . . . . 125
10.3 レピュニット数と循環小数 . . . . . . . . . . . . . . . . . . 129
10.4 ユークリッドの互除法と連分数 . . . . . . . . . . . . . . . . 131

**第11章 組合せ論と母関数　～数え上げの技術～** **137**

11.1 数列の母関数と二項定理 . . . . . . . . . . . . . . . . . . . . 137
11.2 漸化式と母関数 . . . . . . . . . . . . . . . . . . . . . . . . . 142
11.3 カタラン数・モンモール数 . . . . . . . . . . . . . . . . . . . 145

**第12章 応用数学と確率　～現象をモデル化する～** **149**

12.1 連続型確率分布 . . . . . . . . . . . . . . . . . . . . . . . . . 150
12.2 マルコフ連鎖 . . . . . . . . . . . . . . . . . . . . . . . . . . 152
12.3 ランダムウォーク . . . . . . . . . . . . . . . . . . . . . . . . 158
12.4 ゲーム理論 . . . . . . . . . . . . . . . . . . . . . . . . . . . . 160

**第13章 コンピューターの発展とともに　～離散的な対象を攻略する～** **163**

13.1 グラフ理論と「伝説の難問」 . . . . . . . . . . . . . . . . . 163
13.2 カークマンの問題とブロックデザイン . . . . . . . . . . . . . 176
13.3 カオスとフラクタル . . . . . . . . . . . . . . . . . . . . . . . 179
13.4 連載の最後に . . . . . . . . . . . . . . . . . . . . . . . . . . . 186

# $B$ 関数と $\Gamma$ 関数
## ～定積分の縁の下の力持ち～



## 1.1　$n$ 次関数の定積分と $B$ 関数

大学受験数学において，放物線や3次関数・4次関数のグラフと，直線で囲まれる図形の面積が問題になるような場面では，次のような形の定積分がよく出現します．

$$\int_{\alpha}^{\beta}(x-\alpha)(\beta-x)dx=\frac{1}{6}(\beta-\alpha)^3 \tag{1.1}$$

$$\int_{\alpha}^{\beta}(x-\alpha)^2(\beta-x)dx=\frac{1}{12}(\beta-\alpha)^4 \tag{1.2}$$

$$\int_{\alpha}^{\beta}(x-\alpha)(\beta-x)^2dx=\frac{1}{12}(\beta-\alpha)^4 \tag{1.3}$$

$$\int_{\alpha}^{\beta}(x-\alpha)^2(\beta-x)^2dx=\frac{1}{30}(\beta-\alpha)^5 \tag{1.4}$$

式の形から明らかなように，(1.1) は放物線及びそれと交わる直線で囲まれる図形の面積，(1.2)(1.3) は3次関数のグラフ及びそれと接する直線で囲まれる図形の面積，(1.4) は変曲点が2つある4次関数のグラフ及びそれと2点で接する直線で囲まれる図形の面積となっており，$\alpha$ と $\beta$ はそれぞれ曲線と直線の交点や接点の $x$ 座標を表しています．受験指導の現場では，これらの式を「1/6 公式」「1/12 公式」「1/30 公式」等と呼び，式の形を丸暗記させることも多いようです．

たしかに，これらの式は図形的な意味も明確で，得られる結果も積分区間の幅のべき乗を整数で割った単純な形となっているので，覚えていると便利です．でも，せっかくこんなにきれいに形式も揃った式なのですから，単に覚えるだけではなく，1/6，1/12，1/30 という値がどこから来るのか，一般化してみたくなります．

そこで，左辺の $(x-\alpha)$ と $(\beta-x)$ の係数をそれぞれ $m,n$ と置き，積分区間を $[0,1]$ に正規化するために $t=\dfrac{x-\alpha}{\beta-\alpha}$，$dx=(\beta-\alpha)dt$ で置換してみます．

$$\int_{\alpha}^{\beta}(x-\alpha)^m(\beta-x)^n dx=(\beta-\alpha)^{m+n+1}\int_0^1 t^m(1-t)^n dt \tag{1.5}$$

すると，右辺に **$B$(ベータ) 関数**の形が出現することがわかります．

ここで，$B$ 関数とその兄弟分である **$\Gamma$(ガンマ) 関数**の定義と，そのいくつかの基本的な性質をみておきましょう．

$$B(x,y)=\int_0^1 t^{x-1}(1-t)^{y-1}dt \quad (x,y>0) \tag{1.6}$$

$$\Gamma(x)=\int_0^{+\infty} e^{-t}t^{x-1}dt \qquad (x>0) \tag{1.7}$$

$$\Gamma(1)=1, \quad \Gamma(x+1)=x\Gamma(x) \tag{1.8}$$

$$\Gamma(n+1)=n! \quad (n=0,1,\cdots) \tag{1.9}$$

$$B(x,y)=\frac{\Gamma(x)\Gamma(y)}{\Gamma(x+y)} \tag{1.10}$$

この2つの関数は，様々な定積分の値を表現する際に有用で，(1.10) のように互いに密接な関係があります．また，(1.8) と (1.9) は，$\Gamma$ 関数が**階乗**の自然な拡張であることを示しています．

前述の「$1/n$ 公式」を一般化した (1.5) 式を，この $B$ 関数，$\Gamma$ 関数を用いて表すと，次のようになります．

$$\begin{aligned}\int_{\alpha}^{\beta}(x-\alpha)^m(\beta-x)^n dx &= B(m+1,n+1)(\beta-\alpha)^{m+n+1}\\ &=\frac{\Gamma(m+1)\Gamma(n+1)}{\Gamma(m+n+2)}(\beta-\alpha)^{m+n+1}\\ &=\frac{m!\,n!}{(m+n+1)!}(\beta-\alpha)^{m+n+1}\end{aligned} \tag{1.11}$$

ここで，冒頭の公式に出現した $1/6$，$1/12$，$1/30$ の正体が，実は $\dfrac{m!\,n!}{(m+n+1)!}$ という式で表されるものだということがようやく判明しました．ただし，ここでは，$B$ 関数と $\Gamma$ 関数の関係 (1.10) を用いてこのことを示しましたが，一般

に (1.10) が成立することを高校数学のレベルで説明することは困難です．（(1.10) を証明するには，たとえば，2変数関数 $f(u,v)=e^{-(u^2+v^2)}u^{2x-1}v^{2y-1}$ を，$[0,R]\times[0,R]$ の正方形領域について積分し $R\to\infty$ としたものと，極座標を使って原点を中心とする半径 $R$ の四分円領域について積分し $R\to\infty$ としたものが一致することを利用します.）

しかし，$x,y$ を自然数の範囲に限って，$\Gamma$ 関数を階乗に置き換えてやれば，これはもう大学入試でも十分出題可能な内容です．実際に，**部分積分**と**数学的帰納法**を用いた証明問題として出題された例もいくつかあるので，挙げておきます．例題1-1では (1.10) そのものを，例題1-2では (1.11) の形に置き換えたものを扱っています．

**例題 1-1**　定数 $k$ を負でない整数とする．$n\geqq k$ なる整数 $n$ に対して，定積分

$$S_k(n)=\int_0^1(1-x)^{n-k}x^k dx$$

を考える．このとき

$$\frac{n!}{k!(n-k)!}S_k(n)=\frac{1}{n+1}$$

が成り立つことを，$n$ についての数学的帰納法を用いて証明せよ．ただし，$n!$ は1から $n$ までの自然数の積を表し，また $0!=1$ とする．

(1993 山梨大 教・工)

▽▼▽　**略解**　▽▼▽

$$\begin{aligned}S_k(n+1)&=\int_0^1(1-x)^{n-k+1}x^k dx\\&=\int_0^1(1-x)^{n-k}x^k dx-\int_0^1(1-x)^{n-k}x^{k+1}dx\\&=S_k(n)-\left[\frac{-(1-x)^{n-k+1}}{n-k+1}x^{k+1}\right]_0^1\\&\quad+\int_0^1\frac{-(1-x)^{n-k+1}}{n-k+1}\cdot(k+1)x^k dx\end{aligned}$$

$$= S_k(n) - \frac{k+1}{n-k+1} S_k(n+1)$$

$$\therefore\ S_k(n+1) = \frac{n-k+1}{n+2} S_k(n)$$

これと $S_k(k) = \dfrac{1}{k+1}$ より数学的帰納法が成立し，$S_k(n) = \dfrac{k!(n-k)!}{(n+1)!}$.

---

**例題 1-2**　次の等式を証明せよ．ただし，$n, m$ は自然数，$\alpha, \beta$ は実数とする．

(1) $\displaystyle\int_\alpha^\beta (x-\alpha)(x-\beta)dx = -\frac{1}{6}(\beta-\alpha)^3$

(2) $\displaystyle\int_\alpha^\beta (x-\alpha)^n(x-\beta)dx = -\frac{n!}{(n+2)!}(\beta-\alpha)^{n+2}$

(3) $\displaystyle\int_\alpha^\beta (x-\alpha)^n(x-\beta)^m dx = (-1)^m \frac{n!m!}{(n+m+1)!}(\beta-\alpha)^{n+m+1}$

(2004 前期 大阪教育大)

▽▼▽　**略解**　▽▼▽

(1)(2)　$(x-\alpha)^n(x-\beta) = (x-\alpha)^{n+1} - (\beta-\alpha)(x-\alpha)^n$ を利用．

(3)　$m \geqq 2$ において，左辺を $f(n, m)$ とおくと，(2) の結果より

$$f(n+m-1, 1) = -\frac{1}{(n+m+1)(n+m)}(\beta-\alpha)^{n+m+1}$$

ここで，$j \geqq 1$，$k \geqq 2$，$j, k$ は整数のとき，部分積分を利用し，

$$\begin{aligned} f(j, k) &= \left[\frac{1}{j+1}(x-\alpha)^{j+1}(x-\beta)^k\right]_\alpha^\beta \\ &\quad - \int_\alpha^\beta \frac{1}{j+1}(x-\alpha)^{j+1} \cdot k(x-\beta)^{k-1}dx \\ &= -\frac{k}{j+1} f(j+1, k-1) \end{aligned}$$

という漸化式を得るので，これを順次適用し，

$$\begin{aligned} f(n, m) &= (-1)^{m-1}\frac{m(m-1)\cdots 2}{(n+1)(n+2)\cdots(n+m-1)} f(n+m-1, 1) \\ &= (-1)^m \frac{n!m!}{(n+m+1)!}(\beta-\alpha)^{n+m+1} \end{aligned}$$

---

## 1.2 三角関数の積分と $B$ 関数

ここで，変数が自然数の場合の $B$ 関数の性質を，もう一度整理しておきます．

$$\begin{aligned} B(m,n) &= \int_0^1 t^{m-1}(1-t)^{n-1}dt \\ &= \frac{(m-1)!\,(n-1)!}{(m+n-1)!} \end{aligned} \tag{1.12}$$

これを $t=\sin^2\theta$ で置換すると，次の関係が得られます．

$$B(m,n) = 2\int_0^{\frac{\pi}{2}} \sin^{2m-1}\theta\cdot\cos^{2n-1}\theta\,d\theta \tag{1.13}$$

この関係から派生した次のような問題が，大学入試で出題されています．

**例題 1-3** 次の問いに答えよ．ただし，$n$ は自然数とする．

(1) 定積分 $\displaystyle\int_0^{\frac{\pi}{2}}(\sin t)(\cos t)^{2n+1}dt$ を計算せよ．

(2) $\displaystyle a_n=\int_0^{\frac{\pi}{2}}(\sin t)^3(\cos t)^{2n+1}dt$ を計算せよ．

(3) 一般項 $a_n$ が (2) で与えられている数列 $\{a_n\}$ について，$\displaystyle\sum_{n=1}^{\infty}a_n$ の値を求めよ． (2004 後期 静岡大 理)

▽▼▽ **略解** ▽▼▽

(1) $x=\cos t$ で置換し，与式 $\displaystyle=-\int_1^0 x^{2n+1}dx=\frac{1}{2(n+1)}$.

(2) $x=\cos t$ で置換し，$\displaystyle a_n=\int_0^{\frac{\pi}{2}}\sin t(1-\cos^2 t)(\cos t)^{2n+1}dt$

$$=-\int_1^0(1-x^2)x^{2n+1}dx=\frac{1}{2(n+1)}-\frac{1}{2(n+2)}=\frac{1}{2(n+1)(n+2)}.$$

(3) $\displaystyle S_n=\sum_{k=1}^{n}a_k=\frac{1}{4}-\frac{1}{2(n+2)},\qquad \sum_{n=1}^{\infty}a_n=\lim_{n\to\infty}S_n=\frac{1}{4}.$

例題 1-3 では，(1.13) 式でいうと $m=2$ までしか出現していませんが，$\sin t$ の指数も可変にすると，例題 1-1・1-2 のような証明問題にもなりえます．

このような，$\displaystyle\int_0^{\frac{\pi}{2}}\sin^p\theta\cos^q\theta\,d\theta$ の形の定積分の計算では，$p,q$ がいずれも奇数の場合に限り，(1.13) 式で変数が自然数の $B$ 関数の値とみなせますが，実

際には $p, q$ が整数であれば具体的な問題については部分積分を繰り返すことで問題なく計算できます．$p, q$ が整数の場合に (1.10) の関係を使ってこれを $B$ 関数の値として一般化して考えるには，$\Gamma$ 関数の次の性質を使う必要があります．（ここでは $(-1)!! = 1$ とします）

$$\Gamma\left(n+\frac{1}{2}\right) = \frac{(2n-1)!!}{2^n}\sqrt{\pi}\ (n = 0, 1, \cdots) \tag{1.14}$$

これを用いると，$\displaystyle\int_0^{\frac{\pi}{2}} \sin^p\theta\cos^q\theta\, d\theta$ の形の定積分は，$p, q$ の偶奇で場合分けして

$$\int_0^{\frac{\pi}{2}} \sin^{2m+1}\theta\cdot\cos^{2n+1}\theta\, d\theta = \frac{m!\, n!}{2(m+n+1)!} \tag{1.15}$$

$$\int_0^{\frac{\pi}{2}} \sin^{2m+1}\theta\cdot\cos^{2n}\theta\, d\theta = \frac{2^m m!(2n-1)!!}{(2m+2n+1)!!} \tag{1.16}$$

$$\int_0^{\frac{\pi}{2}} \sin^{2m}\theta\cdot\cos^{2n+1}\theta\, d\theta = \frac{2^n(2m-1)!!n!}{(2m+2n+1)!!} \tag{1.17}$$

$$\int_0^{\frac{\pi}{2}} \sin^{2m}\theta\cdot\cos^{2n}\theta\, d\theta = \frac{(2m-1)!!(2n-1)!!}{2^{m+n+1}(m+n)!}\pi \tag{1.18}$$

と表せます（$m, n$ は非負整数）．(1.14) に存在していた $\sqrt{\pi}$ という厄介者が，(1.16)(1.17) ではうまく分母分子で相殺され，(1.18) では２つ合わせて $\pi$ として出現しています．式中，**二重階乗**が用いられていますが，$(2n-1)!! = \dfrac{(2n)!}{2^n n!}$ のように通常の階乗を用いて表現することはできるので，例えば次のような形なら，大学入試でも使えそうです．ここでも基本的な考え方は，部分積分と数学的帰納法です．

**例題 1-4** 次の等式を証明せよ．ただし，$m, n$ は自然数とする．

(1) $\displaystyle\int_0^{\frac{\pi}{2}} \cos^{2n} x\, dx = \frac{(2n)!\,\pi}{2^{2n+1}(n!)^2}$

(2) $\displaystyle\int_0^{\frac{\pi}{2}} \sin^{2m} x\ \cos^{2n} x\, dx = \frac{(2m)!(2n)!\,\pi}{2^{2m+2n+1}(m+n)!\, m!\, n!}$

……………………　▽▼▽　**略解**　▽▼▽　……………………

(1)　$k$ は自然数として，部分積分を利用

$$\int_0^{\frac{\pi}{2}} \cos^{2(k+1)} x\,dx = \left[\cos^{2k+1} x \cdot \sin x\right]_0^{\frac{\pi}{2}} - \int_0^{\frac{\pi}{2}} (2k+1)\cos^{2k} x(-\sin x)\sin x\,dx$$

$$= (2k+1)\int_0^{\frac{\pi}{2}} \cos^{2k} x(1-\cos^2 x)dx$$

$$= (2k+1)\left(\int_0^{\frac{\pi}{2}} \cos^{2k} x\,dx - \int_0^{\frac{\pi}{2}} \cos^{2(k+1)} x\,dx\right)$$

$$\therefore \quad \int_0^{\frac{\pi}{2}} \cos^{2(k+1)} x\,dx = \frac{2k+1}{2k+2}\int_0^{\frac{\pi}{2}} \cos^{2k} x\,dx$$

この漸化式と $\displaystyle\int_0^{\frac{\pi}{2}} \cos^2 x\,dx = \int_0^{\frac{\pi}{2}} \frac{\cos 2x + 1}{2}dx = \frac{\pi}{4}$ より数学的帰納法が成立.

(2)　$k$ は非負整数として，部分積分を利用

$$\int_0^{\frac{\pi}{2}} \sin^{2(k+1)} x\ \cos^{2n} x\,dx$$

$$= \left[\sin^{2k+1} x \cos^{2n} x(-\cos x)\right]_0^{\frac{\pi}{2}}$$

$$- \int_0^{\frac{\pi}{2}} \{(2k+1)\sin^{2k} x\cos x\cos^{2n} x - \sin^{2k+1} x \cdot 2n\cos^{2n-1} x\sin x\}(-\cos x)dx$$

$$= \int_0^{\frac{\pi}{2}} \{(2k+1)\cos^2 x - 2n\sin^2 x\}\sin^{2k} x\cos^{2n} x\,dx$$

$$= (2k+1)\int_0^{\frac{\pi}{2}} \sin^{2k} x\cos^{2n} x\,dx - (2k+2n+1)\int_0^{\frac{\pi}{2}} \sin^{2(k+1)} x\cos^{2n} x\,dx$$

$$\therefore \quad \int_0^{\frac{\pi}{2}} \sin^{2(k+1)} x\ \cos^{2n} x\,dx = \frac{2k+1}{2(k+n+1)}\int_0^{\frac{\pi}{2}} \sin^{2k} x\ \cos^{2n} x\,dx$$

この漸化式と (1) の結果より，数学的帰納法を用いて，
非負整数 $m$ と自然数 $n$ について与式が成立.

……………………………………………………………………

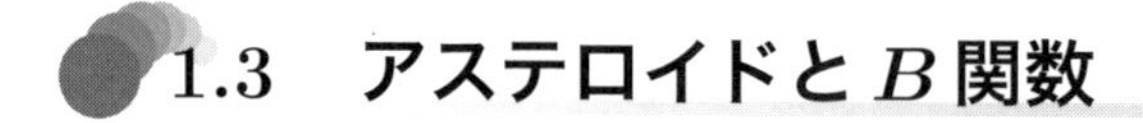

## 1.3　アステロイドと $B$ 関数

$xy$ 平面上の

$$x^{\frac{1}{m}} + y^{\frac{1}{n}} = 1 \quad (m, n > 0,\ x, y \geqq 0) \tag{1.19}$$

という形で表される曲線を考えます．この曲線と $x$ 軸，$y$ 軸で囲まれる領域の面積は，$t = x^{\frac{1}{m}}$ で置換することにより，次のように $B$ 関数を用いて表すことができます．

$$\begin{aligned}\int_0^1 (1 - x^{\frac{1}{m}})^n dx &= \int_0^1 (1-t)^n \cdot mt^{m-1} dt \\ &= mB(m, n+1) \qquad (1.20) \\ &= \frac{mn}{m+n} B(m, n) \qquad (1.21)\end{aligned}$$

ここで，(1.20) から (1.21) への変形は，$B$ 関数と $\Gamma$ 関数の性質 (1.8)(1.10) を用いています．式 (1.19) で表される曲線は，いずれも 2 点 $(0, 1)$，$(1, 0)$ を端点とする右下がりの曲線ですが，$m, n$ の値により下表のように様々な形状を取ります．このように，2 つのパラメータを持つことで，幅広い対象を統合的に扱えるのが，$B$ 関数の便利なところです．

| m | n | 形状 |
|---|---|---|
| 1 | 1 | 直線 |
| 1/2 | 1/2 | 円弧 |
| 1/2 | 1 | 上に凸の放物線 |
| 1 | 2 | 下に凸の放物線 |
| 2 | 2 | $y = x$ を軸とする放物線 |
| 1/2 | 2 | $y = (x+1)^2(x-1)^2$ |
| 3/2 | 3/2 | アステロイド |

なお，式 (1.19) で表される曲線は，

$$x = \cos^{2m}\theta, \quad y = \sin^{2n}\theta \tag{1.22}$$

として**媒介変数**で表すことができます．この $\theta$ を使って面積を表すと，(1.13) の $B$ 関数の三角関数表現が出現します．

実際に入試でしばしば扱われるのは，式 (1.19) の曲線のうち，$m=n$ のものです．そのうち，$B$ 関数の形が比較的明確に出現する例を挙げておきます．

**例題 1-5**　$xy$ 平面上で，2 以上の自然数 $n$ に対して曲線 $C:y=f(x)=(1-x^{\frac{1}{n}})^n$ $(0\leqq x\leqq 1)$ を考える．曲線 $C$ 上の点 $\mathrm{P}(t,f(t))$ における接線と $x$ 軸および $y$ 軸との交点をそれぞれ $\mathrm{Q},\mathrm{R}$ とおく．ただし，$0<t<1$ とする．このとき，以下の問いに答えよ．

(1)　直線 QR を表す方程式を求めよ．

(2)　点 $\mathrm{Q},\mathrm{R}$ の座標を $t$ を用いて表せ．

(3)　$l,m$ を 0 以上の整数とし，

$$I(l,m)=\int_0^1(1-u)^lu^mdu$$

と定義する．$l,m$ を自然数とするとき，$I(l,m)$ と $I(l+1,m-1)$ の間に成り立つ関係式を求め，$I(l,m)$ を $l$ と $m$ の式で表せ．

(4)　直線 QR と曲線 $C$ と $x$ 軸で囲まれる部分の面積を $S_1(t)$ とし，直線 QR と曲線 $C$ と $y$ 軸で囲まれる部分の面積を $S_2(t)$ とする．$S_1(t)+S_2(t)$ の最小値を求め，そのときの $t$ の値を求めよ．

(2004 北九州市立大 国際環境)

▽▼▽　**略解**　▽▼▽

(1)　$f'(x)=n(1-x^{\frac{1}{n}})^{n-1}\left(-\dfrac{1}{n}x^{\frac{1}{n}-1}\right)=-x^{\frac{1}{n}-1}(1-x^{\frac{1}{n}})^{n-1}$ より

$y=-t^{\frac{1}{n}-1}(1-t^{\frac{1}{n}})^{n-1}x+(1-t^{\frac{1}{n}})^{n-1}$

(2)　$\mathrm{Q}(t^{1-\frac{1}{n}},0),\ \mathrm{R}(0,(1-t^{\frac{1}{n}})^{n-1})$

(3)　部分積分により

$$\begin{aligned}I(l,m)&=\left[-\frac{1}{l+1}(1-u)^{l+1}\right]_0^1+\int_0^1\frac{1}{l+1}(1-u)^{l+1}mu^{m-1}du\\&=\frac{m}{l+1}I(l+1,m-1)\end{aligned}$$

この漸化式と $I(l+m,0)=\dfrac{1}{l+m+1}$ より $I(l,m)=\dfrac{l!\,m!}{(l+m+1)!}$

(4)　$f''(x) = \dfrac{n-1}{n} x^{\frac{1}{n}-2}(1-x^{\frac{1}{n}})^{n-2}$

$0 < x < 1$ で $f(x) > 0$，$f'(x) < 0$，$f''(x) > 0$
であり，$f(0) = 1$，$f(1) = 0$ なので，
$S_1(t)$，$S_2(t)$ は図のような領域の面積となる．
ここで，$S_3(t) = \triangle\mathrm{OQR} = \dfrac{1}{2} t^{1-\frac{1}{n}}(1-t^{\frac{1}{n}})^{n-1}$
とおくと，
${S_3}'(t) = \dfrac{n-1}{2n}(1-t^{\frac{1}{n}})^{n-2}(t^{-\frac{1}{n}}-2)$ より，
$t = \dfrac{1}{2^n}$ のとき $S_3(t)$ は最大値 $2^{2-2n}$ をとる．
また，$u = x^{\frac{1}{n}}$ とおくと，$dx = nu^{n-1}du$ となるので，

$$\int_0^1 f(x)dx = \int_0^1 (1-x^{\frac{1}{n}})^n dx = \int_0^1 (1-u)^n \cdot nu^{n-1} du$$

$= nI(n, n-1) = \dfrac{(n!)^2}{(2n)!}$ となる（(3) を利用）．

よって，$S_1(t) + S_2(t) = \displaystyle\int_0^1 f(x)dx - S_3(t)$ の最小値は $\dfrac{(n!)^2}{(2n)!} - 2^{2-2n}$ で，
そのとき $t = \dfrac{1}{2^n}$．

なお，例題1-5の (4) は，(1.22) と同様の置換 $t = \cos^{2n}\theta$ に気づけば，$S_3(t) = \sin^{2n-2}\theta\cos^{2n-2}\theta$ となり，$S_3(t)$ の最大値は容易に求まります．

もう一つ，式 (1.19) で表される曲線の中でも特異な存在である**アステロイド**に関する問題を挙げておきます．計算の誘導において，少しばかり $B$ 関数の影が見え隠れします．なお，アステロイドとは，「半径 $a$ の円の内側を，半径 $\dfrac{1}{4}a$ の円板が内接しながらすべらずに転がるとき，円板の周上の定点が描く曲線」のことを指します．

**例題 1-6** $xyz$ 空間内で図のような立体

$A : x^{\frac{2}{3}} + y^{\frac{2}{3}} + z^{\frac{2}{3}} \leqq 1$

について考える．ただし，斜線部は $xy$ 平面と平行な平面での切り口である．

(1) 部分積分法を用いて

$$\int_0^{\frac{\pi}{2}} \sin^n x\,dx = \frac{n-1}{n}\int_0^{\frac{\pi}{2}} \sin^{n-2} x\,dx \quad (n = 2, 3, 4, \cdots)$$

を示せ．

(2) $xy$ 平面上の曲線 $x^{\frac{2}{3}} + y^{\frac{2}{3}} = a^{\frac{2}{3}}$ $(a > 0)$ は，媒介変数 $t$ $(0 \leqq t \leqq 2\pi)$ を用いて，$x = a\cos^3 t$，$y = a\sin^3 t$ と表すことができる．この曲線で囲まれた部分の面積が，$\frac{3}{8}\pi a^2$ であることを示せ．

(3) 立体 $A$ の体積を求めよ． (1993 九州工業大)

▽▼▽ **略解** ▽▼▽

(1) $n = 2, 3, 4, \cdots$ において

$$\begin{aligned}\int_0^{\frac{\pi}{2}} \sin^n x\,dx &= \left[-\cos x \sin^{n-1} x\right]_0^{\frac{\pi}{2}} - \int_0^{\frac{\pi}{2}} (-\cos x)(n-1)\sin^{n-2} x \cos x\,dx \\ &= (n-1)\int_0^{\frac{\pi}{2}} (1-\sin^2 x)\sin^{n-2} x\,dx \\ &= (n-1)\left(\int_0^{\frac{\pi}{2}} \sin^{n-2} x\,dx - \int_0^{\frac{\pi}{2}} \sin^n x\,dx\right)\end{aligned}$$

$$\therefore \quad n\int_0^{\frac{\pi}{2}} \sin^n x\,dx = (n-1)\int_0^{\frac{\pi}{2}} \sin^{n-2} x\,dx.$$

(2) 求める面積を $S(a)$ とおく．曲線の第 1 象限の部分は，$0 < t < \frac{\pi}{2}$ と対応し，$t = 0$ で $x = a$，$t = \frac{\pi}{2}$ で $x = 0$ となる．

以下 $t$ の範囲を $0 \leqq t \leqq \frac{\pi}{2}$ に限定し，$dx = -3a\cos^2 t \sin t\,dt$ を用いて，

$$\begin{aligned}S(a) &= 4\int_0^a y\,dx = 4\int_{\frac{\pi}{2}}^0 a\sin^3 t(-3a\cos^2 t \sin t)dt \\ &= 12a^2\int_0^{\frac{\pi}{2}} \sin^4 t\cos^2 t\,dt = 12a^2\int_0^{\frac{\pi}{2}} \left(\frac{\sin 2t}{2}\right)^2 \frac{1-\cos 2t}{2}dt\end{aligned}$$

$$= \frac{3a^2}{2}\left(\int_0^{\frac{\pi}{2}} \sin^2 2t\, dt - \int_0^{\frac{\pi}{2}} \sin^2 2t \cos 2t\, dt\right)$$

ここで，$u = \sin 2t$ とおくと，$du = 2\cos 2t\, dt$ なので，

$$S(a) = \frac{3a^2}{2}\left(\int_0^{\frac{\pi}{2}} \frac{1-\cos 4t}{2} dt - \int_0^{0} \frac{u^2}{2} du\right)$$

$$= \frac{3a^2}{2}\left[\frac{t}{2} - \frac{\sin 4t}{8}\right]_0^{\frac{\pi}{2}} = \frac{3\pi a^2}{8}$$

(3)　$z = s\ (0 \leqq s \leqq 1)$ による断面は，$x^{\frac{2}{3}} + y^{\frac{2}{3}} \leqq 1 - s^{\frac{2}{3}}$ と表されるので，断面積は (2) より $\frac{3\pi}{8}\left(1 - s^{\frac{2}{3}}\right)^3$ となり，求める面積は

$$2\int_0^1 \frac{3\pi}{8}\left(1 - s^{\frac{2}{3}}\right)^3 ds = \frac{3\pi}{4}\int_0^1 \left(1 - 3s^{\frac{2}{3}} + 3s^{\frac{4}{3}} - s^2\right) ds = \frac{4\pi}{35}$$

## 1.4　$\Gamma$ 関数に挑戦

さて，ここまで $B$ 関数の周辺で発想されたと思われる出題についてみてきましたが，相方である $\Gamma$ 関数の気配が一向に感じられません．(もちろん「階乗」という形ではいくらでも出現しているのですが．)　その理由の1つとして，$\Gamma$ 関数の定義自体が積分区間を $\infty$ まで拡張した**広義積分**となっていることが挙げられます．これにより，高校数学の範疇では，$\Gamma$ 関数の定義に根差した議論ができないのです．それでは，$\Gamma$ 関数の定義まで遡らずに，「ある特徴を持った未知の関数」という設定で何か問題は作れないでしょうか．例えば，$\Gamma$ 関数には次のような重要な性質があります．

**定理**：$x > 0$ において連続な実関数 $f(x)$ が以下の条件を満たすとき，$f(x) = \Gamma(x)\quad (x > 0)$ である．

(すなわち，$\Gamma$ 関数は，以下の条件を満たす唯一の連続な実関数である．)

1)　$f(x+1) = xf(x)\quad (x > 0)$

2)　$f(x) > 0\quad (x > 0)$

3)　$\log f(x)$ は凸関数

4)　$f(1) = 1$

この定理を，その関数が $\Gamma$ 関数であるかどうかは問わず,「そのような関数は1つしかない」という点に着目して，証明問題にしてみたのが，次の問題です．これなら高校数学の範囲でも理解でき，また，$\Gamma$ 関数の面白さを感じることもできるのではないでしょうか．

**例題 1-7**　$x>0$ を定義域とする連続な関数 $f(x)$ は，次の条件を満たす．

・$x>0$ において $f(x), f'(x)$ は微分可能

・$f''(x)>0\quad(x>0)$

・$e^{f(x+1)}=x\cdot e^{f(x)}\quad(x>0)$

・$f(1)=0$

また，$r$ を $0<r<1$ の定数とし，数列 $\{a_n\}$ を

$a_0=1,\quad a_{n+1}=(n+r)a_n\quad(n=0,1,\cdots)$

という漸化式で定義する．このとき，以下の問いに答えよ．なお，$0!=1$ とする．

(1)　一般に数列 $\{p_n\},\{q_n\}$ が

$p_n\leqq\alpha\leqq q_n,\quad p_n\leqq\beta\leqq q_n\quad(n=0,1,\cdots)$

$\displaystyle\lim_{n\to\infty}(q_n-p_n)=0$　を満たすとき，$\alpha=\beta$ であることを，背理法を用いて示せ．

(2)　非負整数 $n$ に対し，$y=f(x)$ のグラフ上で，$x$ 座標が $n+r$, $n+1$, $n+1+r$, $n+2$ である点を順に A, B, C, D とする．また，直線 AC 上で $x$ 座標が $n+1$ である点を M，直線 BD 上で $x$ 座標が $n+1+r$ である点を N とする．M, N の $y$ 座標をそれぞれ $f(r), a_n, n, r$ を用いて表せ．

(3)　$x>0$ を定義域とする連続な関数 $g(x)$ も，$f(x)$ と同様，次の条件を満たす．

・$x>0$ において $g(x), g'(x)$ は微分可能

・$g''(x)>0\quad(x>0)$

・$e^{g(x+1)} = x \cdot e^{g(x)} \quad (x > 0)$

・$g(1) = 0$

このとき，$f(r) = g(r)$ であることを示せ．

▽▼▽　**略解**　▽▼▽

(1)　$\alpha > \beta$ のとき $\displaystyle\lim_{n\to\infty}(q_n - p_n) \geqq \alpha - \beta > 0$,
$\alpha < \beta$ のとき $\displaystyle\lim_{n\to\infty}(q_n - p_n) \geqq \beta - \alpha > 0$ となり，
どちらも $\displaystyle\lim_{n\to\infty}(q_n - p_n) = 0$ と矛盾．

(2)　$F(x) = e^{f(x)}$ とおくと（この $F(x)$ が実は $\Gamma$ 関数），自然数 $k$ について
$F(k+1) = kF(k)$，$F(1) = e^0 = 1 = 0!$ より $F(k) = (k-1)!$. $\therefore f(n) = \log(n-1)!$
また，$\dfrac{F(0+r)}{F(r)} = 1$，$\dfrac{F(n+1+r)}{F(r)} = (n+r)\dfrac{F(n+r)}{F(r)}$ より，
数列 $\left\{\dfrac{F(n+r)}{F(r)}\right\}$ は $\{a_n\}$ と一致し，$F(n+r) = a_nF(r)$. $\therefore f(n+r) = \log a_n + f(r)$
A, B, C, D の $y$ 座標は順に

$f(n+r) = \log a_n + f(r)$
$f(n+1) = \log n!$
$f(n+1+r) = \log(n+r) + \log a_n + f(r)$
$f(n+2) = \log(n+1) + \log n!$

これらを使って，M, N の $y$ 座標は

M : $(1-r)\log(n+r) + \log a_n + f(r)$
N : $r\log(n+1) + \log n!$

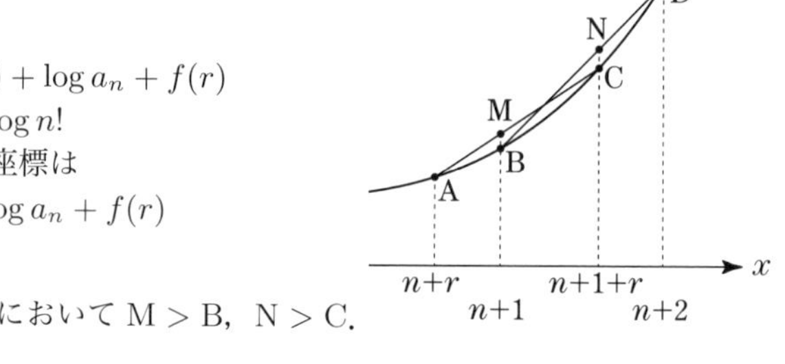


(3)　$f''(x) > 0$ より $y$ 座標において M > B，N > C.
したがって，

$$(1-r)\log(n+r) + \log a_n + f(r) > \log n!$$
$$r\log(n+1) + \log n! > \log(n+r) + \log a_n + f(r)$$

$$\therefore \quad \log\frac{n!}{(n+r)^{1-r}a_n} < f(r) < \log\frac{(n+1)^r n!}{(n+r)a_n}$$

同様に $\log\dfrac{n!}{(n+r)^{1-r}a_n} < g(r) < \log\dfrac{(n+1)^r n!}{(n+r)a_n}$

ここで，$\displaystyle\lim_{n\to\infty}\left(\log\frac{(n+1)^r n!}{(n+r)a_n} - \log\frac{n!}{(n+r)^{1-r}a_n}\right) = \lim_{n\to\infty}\log\left(\frac{n+1}{n+r}\right)^r$
$\displaystyle = r\lim_{n\to\infty}\log\left(1 + \frac{1-r}{n+r}\right) = 0$ なので，(1) より $f(r) = g(r)$ が言える．

# 数値計算とテイラー展開 ～粘り強く追い求める～

## 2.1 東大入試に見る数値計算指向



2003 年の東大理系の入試で「円周率が 3.05 より大きいことを証明せよ」という問題が出題されました．1998 年に告示された小学校学習指導要領「第5学年」中の「円周率としては 3.14 を用いるが，目的に応じて 3 を用いて処理できるよう配慮するものとする」という記載が「ゆとり教育」の象徴として世論をにぎわす中，文科省に対する皮肉をこめた出題として当時話題になりましたが，実は近年の東大入試には，この問題に限らず，無理数の近似値を小数として計算させたり，不等式で評価させたりといった，**数値計算**を指向する問題が多く出題されています．

その理由の 1 つとしては，受験技術を磨いた進学校出身者だけでなく，「全国から遍く本当に能力のある学生を集めたい」という意図のもと，数表にあるような値を自力で計算させたり，基本的な定理の証明をさせたり（例：三角関数の加法定理の証明／1999 年）といった，プリミティブな内容を問う出題を行っているのではないかと予想されますが，もう 1 つ重要な視点として，それが理系全般の入試であることを踏まえると，「具体的な数値に対する感覚」と「粘り強さ」という，研究者や技術者としての資質が求められるようになったという捉え方もできます．

目的とする数値に素早く大まかな当たりをつけた上で，その具体的な値を実用的な範囲で根気よく求めるというようなことは，研究に携わる者にとって基本的な能力です．特に，あきらめずに粘っこくよりよい結果を追い求めるという，いい意味での粘着性は，優れた研究者に共通する資質だと考えられます．ここで取り上げる，数値計算色の強いいくつかの東大入試の問題も，まさに「粘り強く追い求める」ことがテーマとなっていると言えるでしょう．

**例題 2-1** 円周率が 3.05 より大きいことを証明せよ．

(2003 東京大 理系)

…………………… ▽▼▽ **略解** ▽▼▽ ……………………

半径 1 の円に内接する正 8 角形を考え，その 1 辺を円の弦とみなし，それが対応する弧より短いことより，$2 \cdot \sin 22.5^\circ < \dfrac{\pi}{4}$

$\pi > 8\sin 22.5^\circ = 8\sqrt{\dfrac{1-\cos 45^\circ}{2}} = 4\sqrt{2-\sqrt{2}}$

$\pi^2 > 32 - 16\sqrt{2} > 32 - 16 \times 1.415 = 9.36$

$3.05^2 = 9.3025 < 9.36 < \pi^2$

……………………………………………………………………

円周率 $\pi$ が，3.14159 $\cdots$ という値をとることは誰でも知っています．しかし，それが 3.05 より大きいことを示せとあらためて問われたときに，「直径と円周の長さの比」という定義に遡って，円周長よりは小さいがなるべく近い値として，内接する正多角形の周長をすぐ思いつくかどうかは，$\pi$ を単に「3.14159 $\cdots$ という値を持つ，様々な公式で出現する定数」として把握するのではなく，どれだけ具体的なイメージを積み上げてきたか，すなわち，どれだけ生きた数学を学んできたかが鍵になると思われます．

また，比較的容易に計算できる正 6 角形の周を用いても $\pi > 3$ までしか言えないことに気付いたときに，別の楽な方法を探すのではなく，面倒な計算の労を惜しまずに正 8 角形や正 12 角形の場合の計算に挑んだ者が，結局は最短で解答にたどり着くという所に，泥臭い粘り強さを期待する意図を感じます．

なお，内接する正多角形の周長ではなく面積を用いる場合は，正 12 角形でも足りず，正 16 角形や正 24 角形について検討する必要があります．

**例題 2-2** $\displaystyle\int_0^{\pi} e^x \sin^2 x dx > 8$ であることを示せ．ただし，$\pi = 3.14\cdots$ は円周率，$e = 2.71\cdots$ は自然対数の底である． (1999 東京大 理系)

…………………… ▽▼▽ **略解** ▽▼▽ ……………………

$e^x \sin^2 x = \dfrac{e^x}{2} - \dfrac{e^x \cos 2x}{2}$.

ここで，$(e^x \cos 2x)' = e^x \cos 2x - 2e^x \sin 2x$，$(e^x \sin 2x)' = e^x \sin 2x + 2e^x \cos 2x$ よ

り，$\left\{\dfrac{e^x(\cos 2x+2\sin 2x)}{5}\right\}'=e^x\cos 2x$ なので，

$$I=\int_0^{\pi} e^x\sin^2 x dx=\left[\frac{e^x}{2}-\frac{e^x(\cos 2x+2\sin 2x)}{10}\right]_0^{\pi}=\frac{2}{5}(e^{\pi}-1)$$

であり，$I>8 \Leftrightarrow e^{\pi}>21$.
$y=e^x$ のグラフは下に凸で，点 $(3,e^3)$ における接線は $y=e^3(x-2)$.
ここで，接線がグラフより下にあることより，$x=\pi$ で $y$ 座標を比較すると，
$e^{\pi}>e^3(\pi-2)>(2.71)^3\cdot 1.14=22.68\cdots>21$.

本問の定積分の計算自体は，部分積分や上記のような方法で不定積分も求まるので，さほど難しくありませんが，いざ $\pi$ や $e$ の概数を代入しようとしたときに，指数部分に $\pi$ が出現していることでフリーズしてしまうか,「**1次近似**を利用した不等式の評価」という次の引き出しを開けにいくことができるかが勝負の分かれ目になります.

**例題 2-3** 以下の問いに答えよ.

(1) $0<x<a$ をみたす実数 $x,a$ に対し，次を示せ.

$$\frac{2x}{a}<\int_{a-x}^{a+x}\frac{1}{t}dt<x\left(\frac{1}{a+x}+\frac{1}{a-x}\right)$$

(2) (1) を利用して，次を示せ.

$$0.68<\log 2<0.71$$

ただし，$\log 2$ は2の自然対数を表す. (2007 東京大 理系)

▽▼▽ **略解** ▽▼▽

(1) $ty$ 平面の $y=f(t)=\dfrac{1}{t}$ のグラフで，
$t=a-x,\ a,\ a+x$ となる点を順に A, M, B とし，
$t$ 軸上に2点 P$(a-x,0)$, Q$(a+x,0)$ をとる.
また，このグラフの点 M における接線と，
直線 AP, BQ との交点をそれぞれ C, D とする.
このとき，$y=f(t)$ が下に凸より，

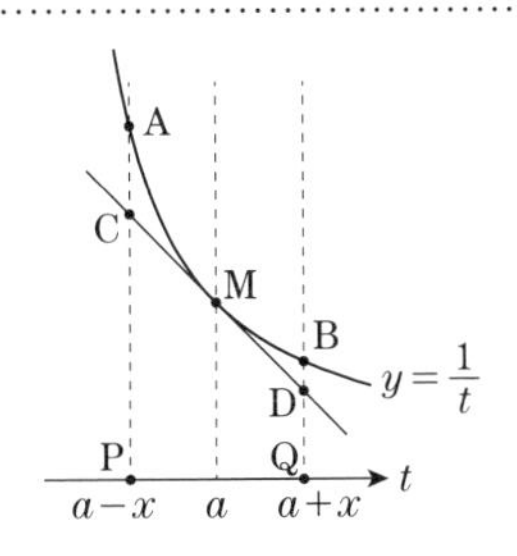


(台形 CPQD の面積)$<\displaystyle\int_{a-x}^{a+x}\frac{1}{t}dt<$(台形 APQB の面積)

(2)　$(a, x) = \left(\frac{5}{4}, \frac{1}{4}\right)$, $\left(\frac{7}{4}, \frac{1}{4}\right)$ を各々(1) に代入し，

$\frac{2}{5} < \int_1^{\frac{3}{2}} \frac{1}{t} dt < \frac{5}{12}$, $\frac{2}{7} < \int_{\frac{3}{2}}^{2} \frac{1}{t} dt < \frac{7}{24}$ より

$\frac{24}{35} < \int_1^2 \frac{1}{t} dt < \frac{17}{24}$, $0.685\cdots < \log 2 < 0.708\cdots$.

(2) においては，(1) を1回適用しただけでは，log 2 の値を指定された範囲まで絞り込むことができず，近似の精度を上げる「ひと手間」をかけることが求められています．数学Bで**台形公式**を学んだ際に，区間を分割すれば精度が上がるという考え方に触れていれば，このひと手間に気付くのは容易です．

数値計算は，高校では数学Bの「数値計算とコンピュータ」という単元で扱われています．数学Bでは4単元中2単元を選択することになっていますが，現実にはその選択はあまり機能しておらず，ほとんど「数列」と「ベクトル」に決め打ちされているため，高校の数学教育では数値計算そのものはあまり顧みられていないのが実態です．これら一連の出題は，検定教科書は遍くマスターしておいてほしい，という東京大学からのメッセージかもしれません．

## 2.2　多項式近似とテイラー展開

例題2-2では，$e^x$ の $x = 3$ の近傍での1次近似を用いて $e^\pi$ の値を評価しましたが，これは次のような $e^x$ の $x = 3$ における**テイラー展開**の1次の項までを考えたとみることができます．

$$e^x = e^3 + \frac{e^3}{1!}(x-3) + \frac{e^3}{2!}(x-3)^2 + \cdots \tag{2.1}$$

一般に，無限回微分可能な関数のある点の近傍での**多項式近似**は，テイラー展開の高次の項を省略することで得られます．$f(x)$ の $x = a$ におけるテイラー展開の一般式は，次のようになります．ここで，$f^{(n)}(x)$ は $f(x)$ の $n$ 階導関数を表すものとします．

$$f(x) = \sum_{n=0}^{\infty} \frac{f^{(n)}(a)}{n!}(x-a)^n \tag{2.2}$$

多項式近似では，高次の項まで使用すると近似の精度は上がりますが，近似値を不等式で評価する場合は不等号の向きが問題になります．例題 2-2 では，常時下に凸というグラフの形状から不等号の向きが決まりましたが，一般には近似式ともとの関数との大小関係については別途検討する必要があります．次の問題では，$x>0$ での $\cos x$ の値が，$x=0$ の近傍での 2 次式による近似と 4 次式による近似の間の値をとることを，証明した上で用いています．

**例題 2-4**

(1)　$x>0$ のとき，不等式 $1-\dfrac{x^2}{2}<\cos x$ が成り立つことを示せ．

(2)　$x>0$ のとき，不等式 $\cos x<1-\dfrac{x^2}{2}+\dfrac{x^4}{24}$ が成り立つことを示せ．

(3)　3 辺の長さが $3, 4, 5$ である三角形の内角のうち最小のものを $\theta$ ラジアンとする．次が成り立つことを示せ．

$$\frac{2}{5}<\theta^2<\frac{30-2\sqrt{195}}{5}$$

(2004 九州工業大 工)

▽▼▽　**略解**　▽▼▽

(1)　$f(x)=\cos x-\left(1-\dfrac{x^2}{2}\right)$ とおくと，$f'(x)=-\sin x+x$，$f''(x)=-\cos x+1$．
$f'(0)=0$，$x>0$ で $f''(x)\geqq 0$，特に $0<x<2\pi$ で $f''(x)>0$ なので，
$x>0$ で $f'(x)>0$．これと $f(0)=0$ より，$x>0$ で $f(x)>0$．

(2)　$g(x)=1-\dfrac{x^2}{2}+\dfrac{x^4}{24}-\cos x$ とおくと，$g'(x)=-x+\dfrac{x^3}{6}+\sin x$，$g''(x)=f(x)$．
$x>0$ で $g''(x)=f(x)>0$，$g'(0)=0$，$g(0)=0$ より，$x>0$ で $g(x)>0$．

(3)　$\cos\theta=\dfrac{4}{5}$ と，(1)(2) より，$1-\dfrac{\theta^2}{2}<\dfrac{4}{5}<1-\dfrac{\theta^2}{2}+\dfrac{\theta^4}{24}$．
これを $\theta^2$ について解く．

$e^x$ や $\sin x$，$\cos x$ 等の場合は，$n$ 階導関数が規則的に求まるので，任意の $a$ について，$x=a$ におけるテイラー展開を比較的きれいな形で示すことができますが，一般には $f(x)$ の $n$ 階導関数の一般式が求められるとは限りません．しかし，そのような場合も，特定の $a$ に限るならば，テイラー展開の各項を $n$ の式で表せることがあります．

**例題 2-5**　関数 $f(x)=e^{\frac{x^2}{2}}$ が等式 $f(x)=1+\int_0^x tf(t)dt$ を満たすことに着目して，自然対数の底 $e$ の平方根 $\sqrt{e}$ の近似値を求めることを考える．そこで，$f(x)$ を近似する関数 $f_n(x)$ $(n=0,1,\cdots)$ を

$$\begin{cases} f_0(x)=1 \\ f_n(x)=1+\int_0^x tf_{n-1}(t)dt \ (n=1,2,\cdots) \end{cases}$$

により順に定める．

(1)　$0 \leqq x \leqq 1$ のとき $f(x)-f_0(x) \leqq \sqrt{e}-1$ を示しなさい．

(2)　$0 \leqq x \leqq 1$ のとき，任意の $n$ $(n=1,2,\cdots)$ に対し
$0 \leqq f(x)-f_n(x) \leqq \dfrac{1}{2^n n!}(\sqrt{e}-1)x^{2n}$ を示しなさい．

(3)　$f_5(1)$ と $\sqrt{e}$ が小数第3位まで一致することを示しなさい．

(2005 慶応義塾大 医)

……………………………　▽▼▽　**略解**　▽▼▽　……………………………

(1)　$0 \leqq x \leqq 1$ のとき，$\dfrac{x^2}{2} \leqq \dfrac{1}{2}$，$e^{\frac{x^2}{2}} \leqq \sqrt{2}$

$\therefore f(x)-f_0(x)=e^{\frac{x^2}{2}}-1 \leqq \sqrt{2}-1$.

(2)　$n=k$ で与式が成立するならば，$0 \leqq x\{f(x)-f_k(x)\} \leqq \dfrac{(\sqrt{e}-1)x^{2k+1}}{2^k k!}$,

$$0 \leqq \int_0^x tf(t)dt-\int_0^x tf_k(t)dt \leqq \int_0^x \frac{(\sqrt{e}-1)t^{2k+1}}{2^k k!}dt=\frac{(\sqrt{e}-1)x^{2(k+1)}}{2^{k+1}(k+1)!}.$$

ここで，$f(x)=1+\int_0^x tf(t)dt$ より $\int_0^x tf(t)dt=f(x)-1$ であり，漸化式より $\int_0^x tf_k(t)dt=f_{k+1}(x)-1$ なので，$0 \leqq f(x)-f_{k+1} \leqq \dfrac{(\sqrt{e}-1)x^{2(k+1)}}{2^{k+1}(k+1)!}$ となり，$k+1$ でも与式は成立する．よって，(1) の結果と合わせ，数学的帰納法により任意の自然数 $n$ についても与式成立．

(3)　(2) で $n=5$, $x=1$ として，

$$f_5(1) \leqq f(1)=\sqrt{e} \leqq f_5(1)+\frac{\sqrt{e}-1}{3840},\quad \frac{\sqrt{e}-1}{3840}<\frac{\sqrt{3}-1}{3840}<0.0002.$$

また漸化式より，$f_5(x)=1+\dfrac{x^2}{2}+\dfrac{x^4}{2^2\cdot 2!}+\dfrac{x^6}{2^3\cdot 3!}+\dfrac{x^8}{2^4\cdot 4!}+\dfrac{x^{10}}{2^5\cdot 5!}$,

$$f_5(1)=1+\frac{1}{2}+\frac{1}{8}+\frac{1}{48}+\frac{1}{384}+\frac{1}{3840}=1+\frac{2491}{3840}=1.6486\cdots.$$

よって，$1.6486<\sqrt{e}<1.6489$.

…………………………………………………………………………………………

本問で扱った関数 $f(x) = e^{\frac{x^2}{2}}$ の $x = 0$ におけるテイラー展開は，$e^X$ の $X = 0$ におけるテイラー展開に $X = \dfrac{x^2}{2}$ を代入して

$$f(x) = \sum_{n=0}^{\infty} \frac{1}{2^n n!} x^{2n} = \sum_{n=0}^{\infty} \frac{1}{(2n)!!} x^{2n} \tag{2.3}$$

と表せます．これを，テイラー展開の一般式 (2.2) と係数比較することで，逆に $f(x)$ の $n$ 階導関数の $x = 0$ での値が次のように分かります．これは数学的帰納法の証明問題の素材としても使えそうです．

$$n \text{ が奇数のとき} \quad f^{(n)}(0) = 0 \tag{2.4}$$

$$n \text{ が偶数のとき} \quad f^{(n)}(0) = (n-1)!! \tag{2.5}$$

## 2.3 ライプニッツ級数とフーリエ級数

$-1 < x < 1$ で，次のような無限級数を考えます．

$$\sum_{n=0}^{\infty} (-x)^n = \frac{1}{1+x} \tag{2.6}$$

これは，$\dfrac{1}{1+x}$ の $x = 0$ におけるテイラー展開とみることができ，さらに両辺を積分すると，$\log(1+x)$ の $x = 0$ におけるテイラー展開が得られます．

$$\sum_{n=0}^{\infty} \frac{(-1)^n}{n+1} x^{n+1} = \log(1+x) \tag{2.7}$$

同様の議論を，(2.6) 式の $x$ を $x^2$ に置き換えて行うと，今度は $\arctan x$（逆正接関数）のテイラー展開が得られます．

$$\sum_{n=0}^{\infty} (-1)^n x^{2n} = \frac{1}{1+x^2} \tag{2.8}$$

$$\sum_{n=0}^{\infty} \frac{(-1)^n}{2n+1} x^{2n+1} = \arctan x \tag{2.9}$$

ここで，(2.6)，(2.8) 式の左辺の級数は $-1 < x < 1$ でしか収束しませんが，(2.7)，(2.9) 式の左辺の級数は $x = 1$ でも収束することが容易に確かめられ，(2.7) 式は $-1 < x \leqq 1$ で，(2.9) 式は $-1 \leqq x \leqq 1$ で成立します．そして，$x = 1$ とすることで，次のような無限級数の和を求めることができます．

$$\sum_{n=0}^{\infty} \frac{(-1)^n}{n+1} = \log 2 \tag{2.10}$$

$$\sum_{n=0}^{\infty} \frac{(-1)^n}{2n+1} = \frac{\pi}{4} \tag{2.11}$$

このうち，(2.11) 式は**ライプニッツ級数**と呼ばれ，円周率 $\pi$ を求める手法の一つとして知られています．ライプニッツ級数は収束が遅いため，$\pi$ の数値計算の手法として実用性は乏しいですが，無限級数を取り扱う演習のネタとしては手頃です．次の問題は，まさに上記 (2.9) 式が $x = 1$ で成立することを題材としています．また，少しの変更で，(2.10) の無限級数の和を求める問題に作り替えることができます．

**例題 2-6**　自然数 $n$ $(n > 3)$ について，関数 $f_n(x)$ が

$$f_n(x) = \frac{1}{1+x^2} - 1 + x^2 - x^4 + x^6 - \cdots + (-1)^{n+1}x^{2n}$$

を満たしている．このとき次の問いに答えよ．

(1)　$\displaystyle\int_0^1 \frac{dx}{1+x^2}$ を求めよ．

(2)　$\displaystyle\int_0^1 |f_n(x)|\,dx < \frac{1}{2n+3}$ が成り立つことを示せ．

(3)　$\displaystyle\lim_{n\to\infty}\left\{1 - \frac{1}{3} + \frac{1}{5} - \cdots + \frac{(-1)^n}{2n+1}\right\} = \frac{\pi}{4}$ であることを証明せよ．　　(2006 名古屋市立大 医)

▽▼▽　**略解**　▽▼▽

(1)　$x = \tan\theta$ で置換すると，$\dfrac{d\theta}{dx} = \dfrac{1}{\cos^2\theta} = 1 + \tan\theta = 1 + x^2$ より，

与式 $= \displaystyle\int_0^{\frac{\pi}{4}} d\theta = \frac{\pi}{4}$.

(2)　$f_n(x) = \dfrac{1}{1+x^2} - \dfrac{1-(-x^2)^{n+1}}{1+x^2} = \dfrac{(-x^2)^{n+1}}{1+x^2}$,

$$|f_n(x)| = \frac{x^{2n+2}}{1+x^2} \leqq x^{2n+2}, \quad \int_0^1 |f_n(x)|\,dx < \int_0^1 x^{2n+2}dx = \frac{1}{2n+3}$$

(3) $I_n = 1 - \frac{1}{3} + \frac{1}{5} - \cdots + \frac{(-1)^n}{2n+1}$ とおくと，$\int_0^1 f_n(x)dx$

$$= \int_0^1 \frac{1}{1+x^2}dx + \sum_{k=0}^{n}\left\{(-1)^{k-1}\cdot\int_0^1 x^{2k}dx\right\} = \frac{\pi}{4} - \sum_{k=0}^{n}\frac{(-1)^k}{2k+1} = \frac{\pi}{4} - I_n.$$

ここで，$0 < \left|\int_0^1 f_n(x)dx\right| \leqq \int_0^1 |f_n(x)|\,dx < \frac{1}{2n+3} \to 0\ (n \to \infty)$ より，

$$\lim_{n\to\infty}\int_0^1 f_n(x)dx = 0, \quad \lim_{n\to\infty} I_n = \frac{\pi}{4} - \lim_{n\to\infty}\int_0^1 f_n(x)dx = \frac{\pi}{4}.$$

---

このライプニッツ級数は，別の切り口で見ると，**フーリエ級数**として表されたノコギリ波のある点の値を示していると考えることもできます．

フーリエ級数とは，周期 $2\pi$ の周期関数，または，$[-\pi, \pi]$ で定義された関数 $f(x)$ を，適当な無限数列 $\{a_n\}\ (n = 0, 1, \cdots), \{b_n\}\ (n = 1, 2, \cdots)$ を用いて，

$$f(x) = \frac{a_0}{2} + \sum_{n=1}^{\infty}(a_n \cos nx + b_n \sin nx) \tag{2.12}$$

のように，三角関数の重ね合わせとして表すことができるというものです．数列 $\{a_n\}, \{b_n\}$ は，次のようにして求めることができます．

$$a_n = \frac{1}{\pi}\int_{-\pi}^{\pi} f(x)\cos nx dx \quad (n = 0, 1, \cdots) \tag{2.13}$$

$$b_n = \frac{1}{\pi}\int_{-\pi}^{\pi} f(x)\sin nx dx \quad (n = 1, 2, \cdots) \tag{2.14}$$

いま，$[-\pi, \pi]$ で定義された関数 $f(x) = x$ を考えます．$f(x)$ を周期関数とみなして定義域を拡大するならば，$x = (2n-1)\pi$ ($n$ は整数) で不連続なノコギリ状の波形となります．これに対し，(2.13)(2.14) に従って $\{a_n\}, \{b_n\}$ を定めると，次のようになります．

$$a_n = \frac{1}{\pi}\int_{-\pi}^{\pi} x\cos nx dx = 0 \tag{2.15}$$

$$b_n = \frac{1}{\pi}\int_{-\pi}^{\pi} x\sin nx dx = \frac{-2\cos n\pi}{n} = \frac{2(-1)^{n+1}}{n} \tag{2.16}$$

これを (2.12) に代入した次式がノコギリ波のフーリエ級数となります．

$$f(x)=\sum_{n=1}^{\infty}\frac{2(-1)^{n+1}}{n}\sin nx \tag{2.17}$$

さらに $x=\dfrac{\pi}{2}$ を代入すると，$\sin\dfrac{n\pi}{2}$ は $n$ が偶数のとき 0 となるので，$n$ が奇数の項だけ拾うと，

$$\begin{aligned}\frac{\pi}{2}&=\sum_{m=0}^{\infty}\frac{2(-1)^{2m+2}}{2m+1}\sin\frac{(2m+1)\pi}{2}\\&=\sum_{m=0}^{\infty}\frac{2}{2m+1}\sin\frac{(2m+1)\pi}{2}\\&=\sum_{m=0}^{\infty}\frac{2(-1)^{m}}{2m+1}\end{aligned} \tag{2.18}$$

となり，(2.11) のライプニッツ級数の式と一致します．

フーリエ級数が有用なのは，$f(x)$ のグラフが $[-\pi,\pi]$ の範囲でどんな形状でも，それを (2.12) の形に一意に表すことが可能であり，その最初の数項で，波形全体を近似できるという点です．例題 2-7 は，ノコギリ波のフーリエ級数が，項数を増やすにつれて本来の波形に近づいていく様子を題材とし，近似の評価には，波形の差分の 2 乗の積分を用いています．

**例題 2-7**　$n=1,2,\cdots$ に対して，

$$a_n=\int_{-\pi}^{\pi}x\sin nx\,dx,\quad I_n=\int_{-\pi}^{\pi}\left(\pi x-\sum_{k=1}^{n}a_k\sin kx\right)^2dx$$

と定義する．

(1)　$n=1,2,\cdots$ に対して，$a_n=(-1)^{n+1}\dfrac{2\pi}{n}$ であることを示せ．

(2)　$k,l=1,2,\cdots$ に対して，$\displaystyle\int_{-\pi}^{\pi}\sin kx\sin lx\,dx$ を求めよ．

(3)　$I_1$ を求めよ．

(4)　$n=2.3,\cdots$ に対して，$I_n-I_{n-1}$ を $n$ を用いて表せ．

(5)　$n=1,2,\cdots$ に対して，$\displaystyle\sum_{k=1}^{n}\frac{1}{k^2}\leqq\frac{\pi^2}{6}$ が成立することを示せ．

(2005 富山医科歯科大 医)

…………………… ▽▼▽　**略解**　▽▼▽ ……………………

(1) $\displaystyle\int x\sin nx dx = x\cdot\frac{-\cos nx}{n} - \int\frac{-\cos nx}{n}dx = -\frac{x\cos nx}{n} + \frac{\sin nx}{n^2} + C.$

ここで，$x$ も $\sin nx$ も奇関数なので，$x\sin nx$ は偶関数.

$$\int_{-\pi}^{\pi} x\sin nx dx = 2\left[-\frac{x\cos nx}{n} + \frac{\sin nx}{n^2}\right]_0^{\pi} = -\frac{2\pi\cos n\pi}{n} = (-1)^{n+1}\frac{2\pi}{n}.$$

(2) 積和公式より $\sin kx\sin lx = \dfrac{1}{2}\{-\cos(k+l)x + \cos(k-l)x\}$.

$k = l$ のとき，与式 $\displaystyle= \int_0^{\pi}(-\cos 2kx + 1)dx = \pi.$

$k \neq l$ のとき，与式 $\displaystyle= \int_0^{\pi}\{-\cos(k+l)x + \cos(k-l)x\}dx = 0.$

(3) $\displaystyle I_1 = \int_{-\pi}^{\pi}(\pi x - 2\pi\sin x)^2 dx = 2\pi^2\left(\int_0^{\pi}x^2 dx - 4\int_0^{\pi}x\sin x dx + 4\int_0^{\pi}\sin^2 x dx\right)$

$$= 2\pi^2\left\{\left[\frac{x^3}{3}\right]_0^{\pi} - 4\left(\left[-x\cos x\right]_0^{\pi} + \int_0^{\pi}\cos x dx\right) + 2\int_0^{\pi}(1-\cos 2x)dx\right\}$$

$$= 2\pi^2\left(\frac{\pi^3}{3} - 4\pi - 4\left[\sin x\right]_0^{\pi} + 2\left[x - \frac{\sin 2x}{2}\right]_0^{\pi}\right) = \frac{2\pi^5}{3} - 4\pi^3.$$

(4) $\displaystyle\left(\pi x - \sum_{k=1}^{n} a_k\sin kx\right)^2 - \left(\pi x - \sum_{k=1}^{n-1} a_k\sin kx\right)^2$

$$= \left(2\pi x - \sum_{k=1}^{n} a_k\sin kx - \sum_{k=1}^{n-1} a_k\sin kx\right)(-a_n\sin nx)$$

$$= -2\pi a_n x\sin nx + \sum_{k=1}^{n} a_n a_k\sin nx\sin kx + \sum_{k=1}^{n-1} a_n a_k\sin nx\sin kx.$$

$$I_n - I_{n-1} = \int_{-\pi}^{\pi}\left\{\left(\pi x - \sum_{k=1}^{n} a_k\sin kx\right)^2 - \left(\pi x - \sum_{k=1}^{n-1} a_k\sin kx\right)^2\right\}dx$$

$$= -2\pi a_n\int_{-\pi}^{\pi}x\sin nx dx + \sum_{k=1}^{n} a_n a_k\int_{-\pi}^{\pi}\sin nx\sin kx dx + \sum_{k=1}^{n-1} a_n a_k\int_{-\pi}^{\pi}\sin nx\sin kx dx$$

$$= -2\pi {a_n}^2 + \pi {a_n}^2 = -\pi\left(\frac{2\pi}{n}\right)^2 = -\frac{4\pi^3}{n^2}.$$

(5) $n = 1$ のとき $\displaystyle\sum_{k=1}^{n}\frac{1}{k^2} = 1 < \frac{\pi^2}{6}$.　　$n \geqq 2$ のとき

$$I_n = I_1 + \sum_{k=2}^{n}(I_k - I_{k-1}) = \frac{2\pi^5}{3} - 4\pi^3 - 4\pi^3\sum_{k=2}^{n}\frac{1}{k^2} = \frac{2\pi^5}{3} - 4\pi^3\sum_{k=1}^{n}\frac{1}{k^2}.$$

$I_n \geqq 0$ より，$\displaystyle 4\pi^3\sum_{k=1}^{n}\frac{1}{k^2} \leqq \frac{2\pi^5}{3}$，$\displaystyle\sum_{k=1}^{n}\frac{1}{k^2} \leqq \frac{\pi^2}{6}$.

……………………………………………………………………

## 2.4　電卓による3乗根の計算とニュートン法

現在は，ほとんどの電卓で平方根の計算はできますが，その電卓のみを使って3乗根の値を手早く精度よく計算する次のような方法が知られています．

**電卓で $\sqrt[3]{2}$ を計算する方法**

(1) 適当な初期値（例えば1）を入力する．　[1]

(2) 入力した値を2倍し，それの平方根を求め，
　さらにそれの平方根を求める．　[×] [2] [=] [√] [√]

(3)(2) の操作の結果，値に変化があれば，(2) の操作を繰り返し，
　変化がなければその値が求める答え．

ここで用いられているのは，**収束計算**による数値計算の重要な手法である**不動点反復法**の考え方です．不動点反復法とは，ある条件を満たす結果 $a$ を計算する際に，その条件を「操作 $f$ において $a$ は不動点である」すなわち，$a = f(a)$ という形で表し，適当な初期値 $a_0$ から出発して，$a_n = f(a_{n-1})$ という漸化式により順次 $a_1, a_2, \cdots$ を計算し，$a_n$ が $a_{n-1}$ と比べその計算精度の中で変化しなくなれば終了というものです．ここで計算した $a = \sqrt[3]{2}$ が満たすべき条件は，単純に考えると $a^3 = 2$ ですが，今回はそれを $a = f(a) = \sqrt{\sqrt{2a}}$ と置き換えています．

不動点反復法において注意すべきは，$a = f(a)$ の $f$ の決め方や，初期値の与え方によっては，値が収束せずに目的の値から遠ざかっていく場合があることです．例えば，$\sqrt[3]{2}$ の計算の例では，$a$ の満たすべき条件を $a = \dfrac{a^4}{2}$ と表すこともできますが，初期値を2として $a_n = \dfrac{{a_{n-1}}^4}{2}$ で反復計算をしても，どこまでも大きくなるだけで収束しません．

不動点反復法の中でもポピュラーなものに，数学Bでも取り扱う**ニュートン法**があります．ニュートン法においては，関数 $g(t)$ を「$y = f(x)$ のグラフの $(t, f(t))$ における接線と $x$ 軸との交点の $x$ 座標」と定義した上で，$f(a) = 0$ という条件を，$a = g(a)$ と言い換えて，$a_n = g(a_{n-1})$ の反復計算を行っていると考えられます．ニュートン法では，初期値 $a_0$ を含む区間 $[u, v]$ において

$f''(x) \geqq 0$ であり，なおかつ $f(u) \cdot f(v) < 0$，$f(a_0) > 0$ を満たす場合には反復計算が収束しますが，次に挙げる問題はそのことを具体的な事例で確認させるものとなっています．

**例題 2-8**　$f(x) = x^3 - 3x - 5$ とするとき，つぎの問いに答えよ．

(1)　方程式 $f(x) = 0$ はただ一つの実数解をもつことを示せ．さらに，この実数解を $\alpha$ とするとき，$2 < \alpha < 3$ を満たすことを示せ．

(2)　$\alpha < t \leqq 3$ とし，点 $(t, f(t))$ における曲線 $y = f(x)$ の接線と $x$ 軸の交点を $(s, 0)$ とするとき，$0 < s - \alpha < \dfrac{1}{3}(t - \alpha)$ が成り立つことを示せ．

(3)　$t_1 = 3$ とする．点 $(t_n, f(t_n))$ における曲線 $y = f(x)$ の接線と $x$ 軸との交点を $(t_{n+1}, 0)$ とする．このように数列 $\{t_n\}$ を定めるとき，$\lim_{n \to \infty} t_n = \alpha$ が成り立つことを示せ．　(2004 大分大 医)

▽▼▽ **略解** ▽▼▽

(1)　$f'(x) = 3x^2 - 3 = 3(x+1)(x-1)$ より，$f(x)$ の増減を調べると，

| $x$ | $\cdots$ | $-1$ | $\cdots$ | $1$ | $\cdots$ |
|---|---|---|---|---|---|
| $f'(x)$ | $+$ | $0$ | $-$ | $0$ | $+$ |
| $f(x)$ | ↗ | $-3$ | ↘ | $-7$ | ↗ |

となるので，$f(x) = 0$ は $x > 1$ の範囲にただ一つの解を持ち，
また，$f(2) = -7 < 0$，$f(3) = 13 > 0$ なので，中間値の定理より
$f(\alpha) = 0$，$2 < \alpha < 3$ を満たす $\alpha$ が存在する．

(2)　接線の方程式は $y = f'(t)(x - t) + f(t)$ なので，

$$s = t - \frac{f(t)}{f'(t)} = t - \frac{t^2 - 3t - 5}{3(t^2 - 1)} = \frac{2t^5 + 5}{3(t^2 - 1)},$$

$$s - \alpha = \frac{2t^5 - 3\alpha t^2 + 3\alpha + 5}{3(t^2 - 1)}$$

ここで，$f(\alpha) = \alpha^3 - 3\alpha - 5 = 0$ より $3\alpha + 5 = \alpha^3$ なので

$$s - \alpha = \frac{2t^5 - 3\alpha t^2 + \alpha^3}{3(t^2 - 1)} = \frac{(t - \alpha)^2(2t + \alpha)}{3(t^2 - 1)} > 0,$$

$$\frac{1}{3}(t - \alpha) - (s - \alpha) = \frac{(t - \alpha)\{t^2 - 1 - (t - \alpha)(2t + \alpha)\}}{3(t^2 - 1)}$$

$$= \frac{(t - \alpha)\{\alpha^2 + \alpha t - t^2 - 1\}}{3(t^2 - 1)}$$

$$= \frac{(t-\alpha)\{(\alpha-2)(\alpha+t+2)+(3-t)(t+1)\}}{3(t^2-1)} > 0.$$

(3)　(2) より，$0 < t_{n+1} - \alpha < \frac{1}{3}(t_n - \alpha)$ となるので，

数学的帰納法により，$n = 2, 3, \cdots$ において $0 < t_n - \alpha < \left(\frac{1}{3}\right)^{n-1}(t_1 - \alpha)$.

$\lim_{n\to\infty} \left(\frac{1}{3}\right)^{n-1}(t_1 - \alpha) = 0$ より，$\lim_{n\to\infty} (t_n - \alpha) = 0$.

……………………………………………………………………………………………

# 第3章 平均値の定理とその周辺 ～存在を証明する～

この連載では「大学で学ぶ数学」と「大学入試の数学」とを架橋することを目指していますが,「極限」の意味や,実数の連続性など,高校数学の範囲では厳密な議論を避けたまま学習している領域の存在が,大学数学と高校数学の間を大きく隔てていることにあらためて気付かされます.今回はそのあたりの事情も探りながら,「平均値の定理」の周辺の話題を取り上げようと思います.



## 3.1 ロピタルの定理と $\varepsilon-\delta$ 論法

受験指導をされている先生方であれば,次のような経験をされた方も多いと思います.例えば例題 3-1 のような問題を受験生に解説したとします.

> **例題 3-1** 極限 $\displaystyle\lim_{x\to 2}\frac{\sqrt{x+a}-3}{x^2-5x+6}$ が有限な値になるのは $a=$ □ のときであり,このとき極限値は □ となる.(2001 大阪産業大 工)

▽▼▽ **略解** ▽▼▽

$x\to 2$ で分母 $\to 0$ なので,分子 $\to 0$ とする必要があり,$\sqrt{2+a}-3=0$ より $a=7$.

$$\lim_{x\to 2}\frac{\sqrt{x+7}-3}{x^2-5x+6}=\lim_{x\to 2}\frac{\sqrt{x+7}-3}{(x-2)(x-3)}=\lim_{x\to 2}\frac{x-2}{(x-2)(x-3)(\sqrt{x+7}+3)}$$

$$=\lim_{x\to 2}\frac{1}{(x-3)(\sqrt{x+7}+3)}=-\frac{1}{6}.$$

すると,往々にして「先生,この問題の極限値を求めるのは,**ロピタルの定理**を使えば一発じゃないですか」と言ってくる受験生が出現します.あるいは「どうしてもっと簡単な方法があるのに教えてくれないのですか」と詰問口調で….

そんな場合，おそらく先生方は「結果だけを解答する問題であれば，自信があれば使ってもよいが，記述式の問題では出題者の意図から外れるので使うべきでない．いずれにせよロピタルの定理を使わずに極限を求める手法はマスターしておく必要がある．もちろん，記述式でも検算で使うためには有用なので，覚えておいても損はない」という趣旨のことを説明して，納得させようとするのではないでしょうか．それでもなかなか納得しない受験生もいそうです．

この「ロピタルの定理」とは次のようなものです．

**ロピタルの定理**

関数 $f(x), g(x)$ が，$x = a$ の近傍において（$x = a$ を除き）連続かつ微分可能であり，なおかつ，$\displaystyle\lim_{x \to a} \frac{f'(x)}{g'(x)}$ が存在するとき，

$$\lim_{x \to a} f(x) = 0 \text{ かつ } \lim_{x \to a} g(x) = 0 \tag{3.1}$$

であるか，あるいは

$$\lim_{x \to a} f(x) = \infty \text{ かつ } \lim_{x \to a} g(x) = \infty \tag{3.2}$$

であるならば，

$$\lim_{x \to a} \frac{f(x)}{g(x)} = \lim_{x \to a} \frac{f'(x)}{g'(x)} \tag{3.3}$$

となる．

この定理は，$a$ のかわりに $a+0$ や $a-0$ であっても，あるいは $\infty$ であっても成立します．また，上記では一般化のために除外されている $x = a$ においても連続かつ微分可能であってももちろん構いません．その場合，$\dfrac{f(a)}{g(a)}$ は $0/0$ の不定形であっても，$\dfrac{f'(a)}{g'(a)}$ は問題なく計算できることは多いので，簡単に**不定形**の極限を求める手法としては確かに強力です．

実際，例題 3-1 に適用してみると，$\displaystyle\lim_{x \to 2} \frac{\sqrt{x+7}-3}{x^2-5x+6}$ は $0/0$ の不定形なので，分母分子を $f(x), g(x)$ とおいてそれぞれ微分すると，$f'(x) = \dfrac{1}{2\sqrt{x+7}}$,

$g'(x)=2x-5$ となり，$\dfrac{f'(2)}{g'(2)}=-\dfrac{1}{6}$ が求める極限となります．本問では不定形とならない形に変形するのも比較的容易ですが，どう変形してよいかすぐに思いつかない場合には，機械的に計算できるこの手法に頼りたくなる受験生の気持ちもわかります．

そんな便利なロピタルの定理が，なぜ記述式の問題では使うなと言われるかと言えば，第一には単純に「高校数学では扱わないから」です．記述式の問題で出題者が見たいのは，高校で教わるいくつかの基本的事項から，順序立てて答えを導くプロセスそのものです．出題者が解答の前提として想定していない「便利な公式」を使って肝心のそのプロセスをバイパスしてしまった答案は，評価のしようがないのは当然なのであって，そこは受験生も「入試はプレゼンの場である」と考えて，出題側の立場を考えた解答を心がけるべきでしょう．

しかし，ロピタルの定理にまつわる話の根本は，「そもそもなぜロピタルの定理を高校では教えないか」という点にあります．そして，その理由は，高校数学における**関数の極限**の曖昧な定義では，ロピタルの定理が成立することを正しく理解することができないということに尽きます．

$\lim_{x\to a} f(x)=b$ の定義を，高校数学と大学数学で比較すると，次のようになります．(大学数学での定義は，定義域の取り扱いなど，テキストにより細かい差異は存在しますが，概ねこのような形式です．)

**高校数学での定義**

関数 $f(x)$ において，$x$ が $a$ と異なる値をとりながら限りなく $a$ に近づくとき，$f(x)$ が $b$ に限りなく近づくことを，$\lim_{x\to a} f(x)=b$ と表す．

**大学数学での定義**

$\boldsymbol{R}$ の部分集合 $A$ で定義された実関数 $f(x)$ と実数 $a,b$ について，$a$ が $A$ の閉包に含まれ，なおかつ次の関係を満たすとき，$\lim_{x\to a} f(x)=b$ と表す．
「どんな正の実数 $\varepsilon$ に対しても，正の実数 $\delta$ が存在して，$0<|x-a|<\delta$ となる全ての $x\in A$ について $|f(x)-b|<\varepsilon$ となる」

この $(\forall\varepsilon)(\exists\delta)$ で始まる定義の仕方は，**$\varepsilon-\delta$ 論法**と呼ばれ，学生にとっては

高校での直感的な理解から大学での厳密な定義に頭を切り替える大きなハードルとなっていますが,「限りなく近づく」というような曖昧な表現を使わずに,論理を積み上げて定理を厳密に証明していく上では必要不可欠な手法です.

ロピタルの定理も，この $\varepsilon-\delta$ 論法による極限の定義を使えば，すっきりとした形での証明を与えることができますが，高校数学の範囲ではかなり足場の怪しい議論となってしまいます.

ところが，かなり昔ですが，**平均値の定理**を用いてこのロピタルの定理を証明させるという少々無謀とも言える問題が入試に出題されたことがあります.

**例題 3-2**　$a<b$ とする．関数 $f(x), g(x)$ は閉区間 $[a,b]$ で連続，開区間 $(a,b)$ で導関数 $f'(x), g'(x)$ をもち，$(a,b)$ で $g'(x) \neq 0$ とする．このとき，次の各問に答えよ.

(1)　$\varphi(x) = f(x) - \dfrac{f(b)-f(a)}{g(b)-g(a)}\{g(x)-g(a)\}$ なる関数を用いて $\dfrac{f(b)-f(a)}{g(b)-g(a)} = \dfrac{f'(c)}{g'(c)}$，$a<c<b$ なる $c$ が存在することを証明せよ.

(2)　(1) の結果を用いて，もし $\displaystyle\lim_{x\to a}\frac{f'(x)}{g'(x)}$ が存在すれば $\displaystyle\lim_{x\to a}\frac{f(x)-f(a)}{g(x)-g(a)}$ も存在して，両者が一致することを証明せよ.

(3)　(2) の結果を用いて，次の極限を求めよ.

$$\lim_{x\to 1}\frac{e^{\sqrt{2}x}-e^{\sqrt{2}}}{e^{\sqrt{3}x}-e^{\sqrt{3}}}$$

(1973 和歌山県立医大)

▽▼▽　**略解**　▽▼▽

(1) $\varphi(a)=\varphi(b)=f(a)$ なので，平均値の定理より，$\varphi'(c)=0$，$a<c<b$ となる $c$ が存在する．その $c$ について $\varphi'(c) = f'(c) - \dfrac{f(b)-f(a)}{g(b)-g(a)}g'(c) = 0$ と $g'(c) \neq 0$ より，$\dfrac{f(b)-f(a)}{g(b)-g(a)} = \dfrac{f'(c)}{g'(c)}$ が成立.

(2) (本文で解説)

(3) $f(x)=e^{\sqrt{2}x}$，$g(x)=e^{\sqrt{3}x}$，$a=1$ とおいて (2) を適用すると，

与式 $\displaystyle = \lim_{x\to 1}\frac{f'(x)}{g'(x)} = \frac{\sqrt{2}e^{\sqrt{2}}}{\sqrt{3}e^{\sqrt{3}}} = \frac{\sqrt{6}}{3}e^{\sqrt{2}-\sqrt{3}}$.

(1) では，高校で学ぶ「平均値の定理」から「コーシーの平均値の定理」を証

明しています．(2) において，$f(a), g(a)$ は定数なので，$f(x)-f(a)$，$g(x)-g(a)$ をそれぞれ1つの関数とみなすと，(3.1) の場合のロピタルの定理の式 (3.3) と一致します．厄介なのはこの (2) の証明です．以下に，高校で扱える範囲の言葉を用いた (2) の解答例を示します．

> $a<x<b$ とすると，(1) の結果より，
> $\dfrac{f(x)-f(a)}{g(x)-g(a)}=\dfrac{f'(t)}{g'(t)}$，$a<t<x$ となるような $t$ が存在する．
> ここで，$x\to a$ とするならば，$a<t<x$ より $t\to a$ となり，
> $\displaystyle\lim_{x\to a}\frac{f'(x)}{g'(x)}(=\alpha)$ が存在するので $\displaystyle\lim_{x\to a}\frac{f(x)-f(a)}{g(x)-g(a)}=\lim_{t\to a}\frac{f'(t)}{g'(t)}=\alpha$ も存在し，両者は一致する．

一見すると，もっともらしいのですが，高校数学での極限の定義のみに基づいて考えると，「$x\to a$ とするならば，$a<t<x$ より $t\to a$」のあたりが非常に怪しく感じられます．

$x\to a$ という記述は，高校数学での極限の定義の「$x$ が $a$ と異なる値をとりながら限りなく $a$ に近づく」という部分に相当しますが，この「限りなく $a$ に近づく」という表現は，「数直線上を連続的に後戻りなしに移動して近づいていく」というイメージで常に語られます．ところが，今回の $t$ は，$a$ と $x$ の間の「どこかに1つは存在するもの」であって，それが1点であるとも限らず，$x$ の変化に対して連続的に変化するかどうかも不明です．極限を「限りなく近づく」という移動の過程を意識させるような表現で定義している限り，$x$ が $a$ に近づくにつれ $t$ の値の取り得る範囲が $a$ に近い狭い領域に限定されていくというような状況を，$x\to a$ と同じ記号を使って $t\to a$ と表現するのが正しいのかどうかは，結局よくわかりません．

しかし，$\varepsilon-\delta$ 論法による極限の定義を採用すると，次のように議論は非常に明確になります．

$\displaystyle\lim_{x\to a+0}\frac{f'(x)}{g'(x)}(=\alpha)$ が存在するので，任意の正の実数 $\varepsilon$ に対してある正の実数 $\delta_0$ が存在し，$a<x<a+\delta_0$ となる全ての $x$ について $\alpha-\varepsilon<\dfrac{f'(x)}{g'(x)}<\alpha+\varepsilon$ となる．

ここで，この $\delta_0$ と $b-a$ のうちの小さい方を $\delta$ とすると，$a+\delta\leqq b$ となるので，$a<x<a+\delta$ となる全ての $x$ について，(1) の結果より $\dfrac{f(x)-f(a)}{g(x)-g(a)}=\dfrac{f'(t)}{g'(t)}$，$a<t<x$ となるような $t$ が存在する．

また，$a<t<x<a+\delta\leqq a+\delta_0$ より $\alpha-\varepsilon<\dfrac{f'(t)}{g'(t)}<\alpha+\varepsilon$ なので，結局，$\alpha-\varepsilon<\dfrac{f(x)-f(a)}{g(x)-g(a)}<\alpha+\varepsilon$ となる．

以上より，任意の正の実数 $\varepsilon$ に対してある正の実数 $\delta$ が存在し，$a<x<a+\delta$ となる全ての $x$ について $\alpha-\varepsilon<\dfrac{f(x)-f(a)}{g(x)-g(a)}<\alpha+\varepsilon$ となることが言えたので，$\displaystyle\lim_{x\to a+0}\frac{f(x)-f(a)}{g(x)-g(a)}=\alpha$ となる．

（なお，例題3-2では極限の取り方が $x\to a$ となっていますが，実際にはこの問題の設定では $x\to a+0$ についてしか議論できないので，ここでも右極限についてのみ証明しています．）

$\varepsilon-\delta$ 論法による極限の定義自体が，全ての正の実数 $\varepsilon$ についての存在命題となっており,「限りなく近づく」という類いの表現における曖昧さが排除されているため，(1) の存在命題と組み合わせて結論を導く過程も，粛々と論理操作を行うだけであり，疑問が入り込む余地がないのです．

やはり，ロピタルの定理は，$\varepsilon-\delta$ 論法を扱えるようになってから学ぶのが妥当であるようです．

## 3.2 平均値の定理と実数の連続性

例題3-2では，平均値の定理からロピタルの定理を導きましたが，この平均値の定理は高校の教科書では実はどこにも明確な証明が示されていません．直感的に正しそうだと思わせる，グラフを用いた「説明」はなされていますが，この「直感的に正しそうだ」というあたりを，どう厳密化していくかが，先の $\varepsilon - \delta$ 論法と同様，大学で学ぶ数学では重要となっていきます．

平均値の定理の厳密な証明はかなり大掛かりですが，大まかな流れを途中からたどると,「最大値の定理」→「ロルの定理」→「平均値の定理」となります．

**最大値の定理**

実関数 $f(x)$ が閉区間 $[a,b]$ で連続であれば，$[a,b]$ に含まれる全ての $x$ に対して $f(c) \geqq f(x)$ となるような $c$ が，この閉区間 $[a,b]$ 内に存在する．

**ロルの定理**

実関数 $f(x)$ が閉区間 $[a,b]$ で連続，開区間 $(a,b)$ で微分可能であり，なおかつ $f(a) = f(b) = 0$ であれば，$f'(c) = 0$ となるような $c$ が開区間 $(a,b)$ 内に存在する．

**平均値の定理**

実関数 $f(x)$ が閉区間 $[a,b]$ で連続，開区間 $(a,b)$ で微分可能であれば，$f'(c) = \dfrac{f(b) - f(a)}{b - a}$ となるような $c$ が開区間 $(a,b)$ 内に存在する．

このうち，最大値の定理は，高校数学の目線からはなんとも当たり前のことしか主張していないように感じます．そして，これを前提とすれば，なんとか高校の範囲でも平均値の定理までたどり着くことができます．教科書での平均値の定理の直感的な説明も，最大値の定理を自明なものとみなした説明だと考えられます．しかし，解析学の世界では，これも自明ではなく，証明すべき定理です．

**実数**についての厳密な議論をする際には，**連続性**ないし**完備性**と呼ばれる特徴が重要となりますが，その実数の連続性は次の「連続の公理」のような形で示されます．最大値の定理の証明においても，出発点はこの連続の公理です．

**連続の公理**

上に有界な実数の集合は上限を持つ．

なお，実数の連続性に関する等価な命題は他にもいくつかあり，どれを公理とするかは特に決まっていないため，この命題は「連続性の定理」として扱われる場合もあります．また（切断やコーシー列を用いて）有理数体から実数を構成するという文脈では，これらの命題はその構成法における実数の定義から導出できるため，公理として明示的には出現しません．

いずれにせよ，実数の連続性についての厳密な議論は，大学数学の段階で初めて扱われる内容であり，平均値の定理も高校数学の範疇では証明することができないのです．とはいえ，証明できないから使えないでは，実数に関する議論は何もできなくなるので，高校数学の段階ではいくつかの定理は証明なしで与えられており，平均値の定理もその一つです．

平均値の定理が主張しているのは「存在」です．初等段階の数学では具体的な解を「求める」ことに関心が向いていますが，それが何であるかは問わず，ある条件を満たすものがとにかく存在することを保証するということも数学の議論においては重要です．本節で挙げた4つの命題は，いずれもそのような「存在命題」となっています．例題3-3では，平均値の定理と，高校で学ぶもう一つの存在定理である**中間値の定理**を用いて，新たな存在命題を証明しています．

**例題 3-3**　関数 $f(x)$ は次の条件 (a)，(b)，(c) をみたすとする．

(a)　$f(x)$ は第2次導関数 $f''(x)$ をもつ．

(b)　$f''(x)$ は連続である．

(c)　$x \leqq 0$ のとき $f(x)=0$，$x \geqq 1$ のとき $f(x)=1$ である．

このとき，$f''(c_1)>0$，$f''(c_2)=0$，$f''(c_3)<0$，$0<c_1<c_2<c_3<1$ をみたす $c_1$，$c_2$，$c_3$ が存在することを示せ．　(2006 富山大 理 (数))

▽▼▽　**略解**　▽▼▽

(a)(b) より，$f(x)$ も $f'(x)$ も全域において連続かつ微分可能．また (c) より，$x \leqq 0$，$x \geqq 1$ において $f'(x)=0$．区間 $[0,1]$ で $f(x)$ に平均値の定理を適用すると，$f'(c_0)=\dfrac{f(1)-f(0)}{1-0}=1$，$0<c_0<1$ を満たす $c_0$ が存在する．

さらに，区間 $[0,c_0]$ と区間 $[c_0,1]$ で $f'(x)$ に平均値の定理を適用し，

$f''(c_1)=\dfrac{f'(c_0)-f'(0)}{c_0-0}=\dfrac{1}{c_0}(>0)$，$f''(c_3)=\dfrac{f'(1)-f'(c_0)}{c_0-1}=\dfrac{1}{c_0-1}(<0)$，

$0 < c_1 < c_0 < c_3 < 1$ となる $c_1$，$c_3$ が存在する．
中間値の定理より，$f''(c_2) = 0$，$c_1 < c_2 < c_3$ となる $c_2$ も存在する．

## 3.3　平均値の定理の応用例

平均値の定理は存在命題ですが，ある値 $c$ の存在範囲を示す不等式と $c$ の満たすべき条件を示す等式を連立させることで，$c$ を含まない不等式を導くことができます．

**例題 3-4**

(1)　関数 $f(x) = e^x \sin x$ を微分せよ．

(2)　平均値の定理を利用して，$\alpha \leqq \beta$ のとき，
$|e^\beta \sin\beta - e^\alpha \sin\alpha| \leqq \sqrt{2}(\beta - \alpha)e^\beta$ が成り立つことを示せ．

（1997 新潟大 理系）

▽▼▽　**略解**　▽▼▽

(1)　$f'(x) = e^x(\sin x + \cos x)$

(2)　$\alpha = \beta$ のとき，両辺とも 0 なので等号が成立．
$\alpha < \beta$ のとき，平均値の定理より $\dfrac{f(\beta) - f(\alpha)}{\beta - \alpha} = f'(c)$，$\alpha < c < \beta$ となる $c$ が存在．
$\dfrac{e^\beta \sin\beta - e^\alpha \sin\alpha}{\beta - \alpha} = e^c(\sin c + \cos c)$ より，
$|e^\beta \sin\beta - e^\alpha \sin\alpha| = |\sin c + \cos c|(\beta - \alpha)e^c$．
これと $e^c < e^\beta$，$|\sin c + \cos c| = \left|\sqrt{2}\sin\left(c + \dfrac{\pi}{4}\right)\right| \leqq \sqrt{2}$ より，
$|e^\beta \sin\beta - e^\alpha \sin\alpha| < \sqrt{2}(\beta - \alpha)e^\beta$．

2 項間漸化式で定義される数列がなんらかの値に収束することを示す過程で平均値の定理を利用する問題も，しばしば出題されています．例題 3-5 では，その漸化式は前回取り上げた不動点反復法による収束計算を表しており，平均値の定理を用いて実際に収束することを示しています．

**例題 3-5**　関数 $f(x)=\dfrac{1}{1+e^{-x}}$ について次の問に答えよ．
(1)　導関数 $f'(x)$ の最大値を求めよ．
(2)　方程式 $f(x)=x$ はただ1つの実数解をもつことを示せ．
(3)　漸化式 $a_{n+1}=f(a_n)$ $(n=1,2,3,\cdots)$ で与えられる数列 $\{a_n\}$ は，初項 $a_1$ の値によらず収束し，その極限値は(2)の方程式の解になることを示せ．
(1994 筑波大 理系)

▽▼▽　**略解**　▽▼▽

(1)　$f'(x)=\dfrac{e^{-x}}{(1+e^{-x})^2}$.

相加相乗平均の関係より $\sqrt{f'(x)} \leqq \dfrac{1}{2}\left(\dfrac{1}{1+e^{-x}}+\dfrac{e^{-x}}{1+e^{-x}}\right)=\dfrac{1}{2}$.

$\therefore\ f'(x) \leqq \dfrac{1}{4}$（等号は $x=0$ のとき）

(2)　$g(x)=f(x)-x$ とおくと，$g'(x)=f'(x)-1<0$ なので $g(x)$ は単調減少．
これと $g(0)>0$，$g(1)<0$ より，$g(x)=0$ は $0<x<1$ の唯一解を持つ．

(3)　(2)の解を $\alpha$ とおくと，
$a_n \neq \alpha$ のとき，$f(\alpha)=\alpha$ と漸化式より $a_{n+1}-\alpha=f(a_n)-f(\alpha)$ であり，
平均値の定理より $f(a_n)-f(\alpha)=(a_n-\alpha)f'(c)$ となる $c$ が $a_n$ と $\alpha$ の間に存在する．
よって，$a_{n+1}-\alpha=(a_n-\alpha)f'(c)$ となり，(1)の結果より，
$|a_{n+1}-\alpha| \leqq \dfrac{1}{4}|a_n-\alpha| \quad \cdots$①．
$a_n=\alpha$ のときは，$a_{n+1}=\alpha$ となるので，やはり①を満たす．
よって，$0 \leqq |a_n-\alpha| \leqq \left(\dfrac{1}{4}\right)^{n-1}|a_1-\alpha| \to 0\ (n\to\infty)$ より
$\displaystyle\lim_{n\to\infty}|a_n-\alpha|=0$，$\displaystyle\lim_{n\to\infty}a_n=\alpha$.

## 3.4　存在を証明する問題

ここでは，平均値の定理以外で存在命題を証明する興味深い問題をいくつか取り上げます．

**例題 3-6**　白石 180 個と黒石 181 個の合わせて 361 個の碁石が横に一列に並んでいる．碁石がどのように並んでいても，次の条件を満たす黒の碁石が少なくとも一つあることを示せ．

その黒の碁石とそれより右にある碁石を全て除くと，残りは白色と黒色が同数となる．ただし，碁石が一つも残らない場合も同数とみなす．　(2001 東京大 文系)

▽▼▽　**略解**　▽▼▽

以下，右から数えて $n$ 番目の石を単に「$n$ 番目の石」と呼ぶ．$n$ 番目の石から見て，その石より左側にある碁石（その石は含まない）全てについて，白石の個数から黒石の個数を引いた値を $f(n)$ とおくと，$n$ 番目の石が黒石であって，なおかつ $f(n)=0$ の場合，その黒石は条件を満たすことになる．
1 番目が黒の場合，$f(1)=0$ となり条件を満たす．
1 番目が白の場合，$f(1)=-2$，$f(361)=0$
ここで，$n$ が 1 増えると，$n$ 番目の石が黒なら $f(n)$ は 1 増え，白なら 1 減る．$f(1)<0$ で，$f(361)\geqq 0$ なので，$n$ を 1 から 1 つずつ増やしていくと，どこかで初めて $f(n)\geqq 0$ となる．そのときの $n$ を $N$ とすると，$f(N-1)<0$，$f(N)\geqq 0$ より，$N$ 番目の石は黒石であり，なおかつ $f(N)=0$ となるので，条件を満たす．

これは，定義域も値域も整数であるような関数についても，$n$ に対して $f(n)$ が 1 ずつしか変化しないならば，中間値の定理と同様の考え方ができる，という問題でした．

**例題 3-7**　あるマラソン選手は出発地点から 40 km の地点までをちょうど 2 時間で走った．このとき，途中のある 3 分間でちょうど 1 km の距離を進んだことを説明せよ．　(2005 信州大 理・医)

▽▼▽　**略解**　▽▼▽

120 分を 3 分ずつ 40 の時間帯に分割すると，各時間帯に走った距離のうち 1 つでも 1 km のものがある場合は問題文の主張を満たす．
各時間帯に走った距離がいずれも 1 km ではなかった場合，走った距離が 1 km より長い時間帯も短い時間帯も存在するはずである．ここで，スタートから $x$ 分後までの到達距離を $f(x)$ $(0\leqq x\leqq 120)$，スタートから $x$ 分後から $x+3$ 分後までに走った距離を $g(x)$ $(0\leqq x\leqq 117)$ とおくと，$g(x)=f(x+3)-f(x)$ となり，$f(x)$ は連続関数なので $g(x)$ も連続関数である．3 分間で走った距離が 1 km より長い時間帯も短い時間帯も存在するということは，$g(a) > 1$，$g(b) < 1$ となる $a, b$ が区間 $[0, 117]$ に存在することを意味するので，中間値の定理により，その $a, b$ の間に $g(c) = 1$ となる $c$ が存在することになる．したがって，$g(x)$ の定義よりこの場合も問題文の主張を満たす．

…………………………………………………………………………………………

問題文を読んだ時点では，3分間の平均速度が全体での平均速度と一致することがあることを主張しているので，平均値の定理を使うような錯覚に陥りますが，実際にはそれではうまく説明がつきません．3分ずつに分割するという発想ができるかどうかがポイントとなります．

また，この問題は「3分間でちょうど1km」という設定だから成立しているのであって，同じ平均速度でも120分を割り切れない「9分間でちょうど3km」というような設定では成立しないことにお気づきでしょうか．その場合，たとえば，最初の3分は分速 $\dfrac{21}{50}$km，次の6分は分速 $\dfrac{43}{150}$km で走るという9分サイクルを繰り返していたとするならば，どの9分間をとっても $\dfrac{149}{50}$km しか走らないにもかかわらず，120分ではちょうど40km走ることになります．出題者が気付いていたかどうかはともかく，実はかなり危ない橋を渡っている問題なのです．

# 第4章 絶対不等式の世界

## ～相加相乗からコーシー・シュワルツまで～

未知数や未知なる数列・関数を含む不等式のうち，含む要素が一定の条件を満たすならば必ず成立するようなものは，大学受験指導の世界では**絶対不等式**として一つのジャンルを形成しています．この「絶対不等式」という言葉は，1970 年代ぐらいまでは高校の学習指導要綱にも明示されていた用語でしたが，今ではその用語は教科書からは消え，内容自体は数学 II の「式と証明」という単元の「不等式の証明」という章の中で扱われています．ただ，数学 II の教科書で取り上げられている絶対不等式は，２変数の相加平均と相乗平均の関係のようなごく限られた単純なものだけであり，コーシー・シュワルツの不等式やチェビシェフの和の不等式などの名の知れた不等式群は，様々なジャンルの応用問題の中で，証明する対象ないし証明した上で使うものとして出現することになります．

今回は，そのような絶対不等式たちについて，大学以降の数学の中ではどのような拡がりをみせているかを探りながら見ていきたいと思います．



## 4.1 相加平均と相乗平均の関係

正の数の**相加平均**が**相乗平均**より大きいことはよく知られており，様々な分野の証明問題や最大値最小値を求める場面で利用されます．この相加・相乗平均の関係を，平均をとる正数の個数毎に具体的な不等式として示すと，次のようになります．($a, b, c, x_1, \cdots, x_n$ はいずれも正の実数)

２個の場合 $$\frac{a+b}{2} \geqq \sqrt{ab} \tag{4.1}$$

３個の場合 $$\frac{a+b+c}{3} \geqq \sqrt[3]{abc} \tag{4.2}$$

$n$ 個の場合　　$$\frac{1}{n}\sum_{k=1}^{n} x_k \geqq \left(\prod_{k=1}^{n} x_k\right)^{\frac{1}{n}} \tag{4.3}$$

このうち，2 個の場合については取り上げるまでもなくあらゆる分野の問題で用いられ，3 個の場合についても入試問題としても頻出です．そこから $n$ 個の場合についても類推（証明ではなく，あくまでも「類推」です）できることや，教科書でも「相加平均 $\geqq$ 相乗平均」という一般化された言葉で紹介されていることから，つい $n$ 個の場合でも「相加平均 $\geqq$ 相乗平均」が成り立つことを高校で教わったつもりになってしまいがちですが，実際に数学 II の教科書で紹介されているのは 2 個の場合の式 (4.1) だけです．したがって，大学入試で 3 個のときの式 (4.2) を扱う場合は，例題 4-1 のようにまず (4.2) の関係自体を証明させて，これを知識として前提とはしないような出題の仕方が基本となります．

**例題 4-1**　(1)　$a, b, c$ を正の数とするとき，

$$\frac{a+b+c}{3} \geqq \sqrt[3]{abc}$$

が成り立つことを証明せよ．また，等号が成り立つのはどんなときか．

(2)　$2x^2 + \dfrac{y}{2x} + \dfrac{1}{xy} = 3,\ xy > 0$ を満たす $x, y$ の値を求めよ．

（1977 三重大 理系）

▽▼▽　**略解**　▽▼▽

(1)　$x = \sqrt[3]{a},\ y = \sqrt[3]{b},\ z = \sqrt[3]{c}$ とおくと，

$$\begin{aligned}\frac{a+b+c}{3} - \sqrt[3]{abc} &= \frac{1}{3}(x^3 + y^3 + z^3 - 3xyz)\\ &= \frac{1}{3}(x+y+z)(x^2+y^2+z^2-xy-yz-zx)\\ &= \frac{1}{6}(x+y+z)\{(x-y)^2+(y-z)^2+(z-x)^2\} \geqq 0\end{aligned}$$

等号成立条件は $x = y = z$ すなわち $a = b = c$.

(2)　$xy > 0$ より $2x^2 > 0,\ \dfrac{y}{2x} > 0,\ \dfrac{1}{xy} > 0$ となるので，(1) において

$a = 2x^2,\ b = \dfrac{y}{2x},\ c = \dfrac{1}{xy}$ とおくと $2x^2 + \dfrac{y}{2x} + \dfrac{1}{xy} \geqq 3$ となり，

等号成立条件は $2x^2 = \dfrac{y}{2x} = \dfrac{1}{xy} = 1.$

これを解いて $(x, y) = \left(\pm\dfrac{\sqrt{2}}{2}, \pm\sqrt{2}\right)$ (複号同順)

例題 4-1 はかなり古い出題ですが，近年はそもそも 3 個の場合の相加平均 ≧ 相乗平均の関係をここまでストレートに扱う出題自体少なくなってきています．逆に，1960 年代あたりまで遡ると，例題 4-2 のように，(4.2) の関係を知っていることを前提としたような問題も入試で出題されていたようです．

**例題 4-2**　$\alpha, \beta, \gamma$ を鋭角 3 角形の 3 つの内角とする．

(1)　$\tan\alpha + \tan\beta + \tan\gamma = \tan\alpha\tan\beta\tan\gamma$ を証明せよ．

(2)　$\tan\alpha + \tan\beta + \tan\gamma \geqq 3\sqrt{3}$ を証明せよ．（1966 金沢大 文系）

▽▼▽　**略解**　▽▼▽

(1)　$\tan\gamma = \tan(180^\circ - \alpha - \beta) = -\tan(\alpha + \beta) = -\dfrac{\tan\alpha + \tan\beta}{1 - \tan\alpha\tan\beta}$ より，

$\tan\alpha + \tan\beta = -\tan\gamma(1 - \tan\alpha\tan\beta)$,

$\tan\alpha + \tan\beta + \tan\gamma = \tan\alpha\tan\beta\tan\gamma.$

(2)　鋭角の正接 ≧ 0 より相加・相乗平均の関係で

$\dfrac{\tan\alpha + \tan\beta + \tan\gamma}{3} \geqq \sqrt[3]{\tan\alpha\tan\beta\tan\gamma}.$

$\tan\alpha + \tan\beta + \tan\gamma = \tan\alpha\tan\beta\tan\gamma = t$ とおくと，

$\dfrac{t}{3} \geqq t^{\frac{1}{3}}$，$t^{\frac{2}{3}} \geqq 3$，$t \geqq 3\sqrt{3}.$

等号成立は $\tan\alpha = \tan\beta = \tan\gamma = \sqrt{3}$，すなわち $\alpha = \beta = \gamma = 60^\circ$ のとき．

相加平均と相乗平均の関係式は，平均をとる個数が 4 個ぐらいまでなら容易に証明できますが，(4.3) 式のような一般に $n$ 個の場合についてはさほど単純ではなく，凸関数に関するイェンセンの不等式を用いて証明する方法が知られています．しかし，例題 4-3 のようにうまく工夫すると，(4.1) 式の 2 個の場合のみを足がかりとして数学的帰納法により一般に $n$ 個の場合を証明することも可能です．

**例題 4-3**　2以上の整数 $n$ を1つ選んだとき，その $n$ についての次の命題を「命題 $A_n$」と呼ぶものとする．

命題 $A_n$「$x_1, x_2, \cdots, x_n$ がいずれも正の実数であるならば，

$$\frac{1}{n}\sum_{k=1}^{n} x_k \geqq (x_1 x_2 \cdots x_n)^{\frac{1}{n}} \text{ である」}$$

この命題 $A_n$ について，以下の問いに答えよ．

(1)　命題 $A_2$ が成立することを示せ．

(2)　$n$ を2以上の整数とするとき，命題 $A_n$ が成立すれば，命題 $A_{2n}$ も成立することを示せ．

(3)　$n$ を2以上の整数とするとき，命題 $A_{n+1}$ が成立すれば，命題 $A_n$ も成立することを示せ．

(4)　(1)(2)(3) を用いて，2以上の任意の整数 $n$ について命題 $A_n$ が成立することを証明せよ．

▽▼▽　**略解**　▽▼▽

(1)　$(x_1+x_2)^2 - 4x_1x_2 = (x_1-x_2)^2 \geqq 0$ より，$\dfrac{1}{2}(x_1+x_2) \geqq \sqrt{x_1x_2}$.

(2)　$A_n$ を仮定すると，$\displaystyle\frac{1}{2n}\sum_{k=1}^{2n} x_k = \frac{1}{2}\left(\frac{1}{n}\sum_{k=1}^{n} x_k + \frac{1}{n}\sum_{k=n+1}^{2n} x_k\right)$

$\geqq \dfrac{1}{2}\left\{(x_1x_2\cdots x_n)^{\frac{1}{n}} + (x_{n+1}x_{n+2}\cdots x_{2n})^{\frac{1}{n}}\right\}$　　（仮定より）

$\geqq (x_1x_2\cdots x_{2n})^{\frac{1}{2n}}$.　　（相加相乗平均の関係より）

(3)　$x_{n+1} = \displaystyle\frac{1}{n}\sum_{k=1}^{n} x_k$ とおくと，$A_{n+1}$ より，

$$\frac{1}{n+1}\left(\sum_{k=1}^{n} x_k + \frac{1}{n}\sum_{k=1}^{n} x_k\right) \geqq (x_1\cdots x_n x_{n+1})^{\frac{1}{n+1}}.$$

左辺 $= x_{n+1}$ なので，両辺を $x_{n+1}{}^{\frac{1}{n+1}}$ で割ると，$x_{n+1}{}^{\frac{n}{n+1}} \geqq (x_1x_2\cdots x_n)^{\frac{1}{n+1}}$ となり，さらに両辺を $\dfrac{n+1}{n}$ 乗して，$\displaystyle\frac{1}{n}\sum_{k=1}^{n} x_k = x_{n+1} \geqq (x_1x_2\cdots x_n)^{\frac{1}{n}}$.

(4)　(1)(2) より，数学的帰納法を用いて，任意の自然数 $m$ について $A_{2^m}$ が成立．2以上の任意の整数 $n$ について，$2^m \geqq n$ となるような自然数 $m$ が存在するので，$A_{2^m}$ が成立することと (3) より，数学的帰納法を用いて，$A_n$ が成立．

## 4.2 凸関数とイェンセンの不等式

ある区間で定義された実関数 $f$ について $y = f(x)$ のグラフを書いた時に，グラフ上の任意の２点を結ぶ線分上の点がグラフより下になることがないとき，そのような $f$ を**凸関数**と呼びます．厳密に定義するならば，定義域内の任意の２つの実数 $x_1, x_2$ と，$0 \leqq t \leqq 1$ となる任意の実数 $t$ について，次の関係が成立することが，$f$ が凸関数となる条件となります．

$$f(tx_1 + (1-t)x_2) \leqq tf(x_1) + (1-t)f(x_2) \tag{4.4}$$

もし，$f(x)$ が２階微分可能ならば，区間内で常に $f''(x) \geqq 0$ であること，すなわち，常に下に凸であることが，(4.4) が成立する必要十分条件となります．

このような凸関数 $f$ において，$y = f(x)$ 上に $n$ 個の点 $(x_1, f(x_1))$，$\cdots$，$(x_n, f(x_n))$ を取り，これらを $x$ 座標の小さい方から順に線分で結んで最後に両端を結ぶと，凸多角形ができます．(この凸多角形の周を含む内部を，以下領域 $A$ とします．)

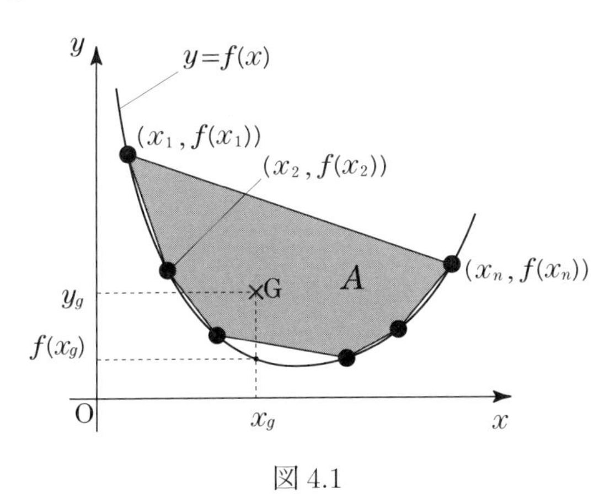


図 4.1

この $n$ 個の点（すなわち，この凸多角形の各頂点）に，仮想的に質点（質量を持つ点）を配置すると，それらの重心 $\mathrm{G}(x_g, y_g)$ は，各質点が負の質量を持たない限り必ず $A$ 内に存在します．そして，領域 $A$ は，グラフ $y = f(x)$ の

（グラフ上を含む）上側の領域に全て含まれているので，G の座標は必ず次の関係を満たすことになります．

$$f(x_g) \leqq y_g \tag{4.5}$$

ここで，$A$ の各頂点に配置した質点の質量を $q_1, \cdots, q_n$ とし，その合計が 1 になるようにすると，重心 G の座標は

$$x_g = \sum_{k=1}^{n} q_k x_k, \quad y_g = \sum_{k=1}^{n} q_k f(x_k) \tag{4.6}$$

と表されるので，(4.5) より次の関係が成立します．

$$f\left(\sum_{k=1}^{n} q_k x_k\right) \leqq \sum_{k=1}^{n} q_k f(x_k) \tag{4.7}$$

$f$ が凸関数で，$q_1, \cdots, q_n \geqq 0$，$q_1 + \cdots + q_n = 1$ の場合に成立するこの (4.7) 式は，**イェンセンの不等式**と呼ばれています．ここで $n = 2$ とすると，凸関数の定義 (4.4) そのものとなることからも，この不等式が成立することは凸関数の本質的な特徴であると考えられます．そして，凸関数でありさえすれば成立することから応用範囲は広く，この不等式から様々な絶対不等式が証明されます．

前章の相加・相乗平均の関係の一般形 (4.3) は，(4.7) のイェンセンの不等式において $f(x) = -\log x$，$q_1, \cdots, q_n = \dfrac{1}{n}$ とおくことで，次のように導くことができます．

$$\begin{aligned} -\log\left(\frac{1}{n}\sum_{k=1}^{n} x_k\right) &\leqq \sum_{k=1}^{n} \frac{-\log x_k}{n} \\ &= -\frac{1}{n}\log\left(\prod_{k=1}^{n} x_k\right) \end{aligned} \tag{4.8}$$

$$\frac{1}{n}\sum_{k=1}^{n} x_k \geqq \left(\prod_{k=1}^{n} x_k\right)^{\frac{1}{n}} \tag{4.9}$$

例題 4-4 は，このイェンセンの不等式に $-\log x$ を当てはめて相加・相乗平均の関係を導くプロセスを，最初から $y = \log x$ のグラフに着目して組み立て直した形でたどって，相加・相乗平均の関係を証明させる問題となっています．

**例題 4-4** $\log x$ を自然対数，$n$ を自然数として，次の各不等式を証明せよ．ただし，等号成立条件には言及しなくてよい．

(1) $0 < a < b$，$a \leqq x \leqq b$ のとき，

$$\log x \geqq \log a + \frac{x-a}{b-a}(\log b - \log a)$$

(2) $a_1, a_2 > 0$ とし，$p_1, p_2 \geqq 0$，$p_1 + p_2 = 1$ のとき，

$$\log(p_1 a_1 + p_2 a_2) \geqq p_1 \log a_1 + p_2 \log a_2$$

(3) $a_1, a_2, \cdots, a_n > 0$ とし，$p_1, p_2, \cdots, p_n \geqq 0$，
$p_1 + p_2 + \cdots + p_n = 1$ のとき，

$$\log \sum_{i=1}^{n} p_i a_i \geqq \sum_{i=1}^{n} p_i \log a_i$$

(4) $a_1, a_2, \cdots, a_n > 0$ のとき，

$$\frac{a_1 + a_2 + \cdots + a_n}{n} \geqq \sqrt[n]{a_1 a_2 \cdots a_n}$$

(2006 滋賀医科大)

▽▼▽ **略解** ▽▼▽

(1) $y = \log x$ のグラフ上の 2 点 $\mathrm{A}(a, \log a)$，$\mathrm{B}(b, \log b)$ を結んだ線分 AB 上で，
$x$ 座標が $x$（$a \leqq x \leqq b$）の点を M とすると，
M は AB を $x - a : b - x$ に内分する点なので，

M の $y$ 座標 $= \dfrac{(b-x)\log a + (x-a)\log b}{b-a} = \log a + \dfrac{x-a}{b-a}(\log b - \log a)$.

ここで，$y'' = -\dfrac{1}{x^2} < 0$ よりグラフは上に凸なので，M の $y$ 座標 $\leqq \log x$.

(2) $a_1 = a_2$ のときは等号が成立．
$a_1 < a_2$ のときは，$a_1 \leqq p_1 a_1 + p_2 a_2 \leqq a_2$ となるので，(1) に $x = p_1 a_1 + p_2 a_2$，$a = a_1$，$b = a_2$ を代入し，与不等式が成立．
$a_2 < a_1$ のときは，$x = p_1 a_1 + p_2 a_2$，$a = a_2$，$b = a_1$ を代入．

(3) 数学的帰納法．$n = 2$ のときは (2) より成立．
$n = k$ $(k \geqq 2)$ で成立すると仮定し，

$a_1, \cdots, a_k, a_{k+1} > 0$，$p_1, \cdots, p_k, p_{k+1} \geqq 0$，$\displaystyle\sum_{i=1}^{k+1} p_i = 1$ とする．

$\displaystyle\sum_{i=1}^{k} p_i = 1 - p_{k+1} = S$ とおくと，$\displaystyle\sum_{i=1}^{k} \frac{p_i}{S} = 1$.

$$
\begin{aligned}
\log \sum_{i=1}^{k+1} p_i a_i &= \log\left(S \cdot \sum_{i=1}^{k} \frac{p_i}{S} a_i + p_{k+1} a_{k+1}\right) \\
&\geqq S \cdot \log \sum_{i=1}^{k} \frac{p_i}{S} a_i + p_{k+1} \log a_{k+1} \quad (\because (2) \text{ より}) \\
&\geqq S \cdot \sum_{i=1}^{k} \frac{p_i}{S} \log a_i + p_{k+1} \log a_{k+1} \quad (\because \text{仮定より}) \\
&= \sum_{i=1}^{k+1} p_i \log a_i
\end{aligned}
$$

(4)　(3) で $p_1 = p_2 = \cdots = p_n = \dfrac{1}{n}$ とおくと，

$$
\log \frac{a_1 + a_2 + \cdots + a_n}{n} \geqq \frac{1}{n} \sum_{i=1}^{n} \log a_i = \frac{1}{n} \log(a_1 a_2 \cdots a_n) = \sqrt[n]{a_1 a_2 \cdots a_n}.
$$

## 4.3　ベクトル・数列に関する絶対不等式

$\vec{a} = (a_1, a_2)$, $\vec{b} = (b_1, b_2)$ を，$xy$ 平面上のベクトルとします．この $\vec{a}, \vec{b}$ について成立する絶対不等式として最初に思いつくのは,「三角形の２辺の和は他の１辺よりも長い」という距離についての基本的な考え方を式で表した**三角不等式**でしょう．

$$
|\vec{a} + \vec{b}| \leqq |\vec{a}| + |\vec{b}| \tag{4.10}
$$

ここでは，２つのベクトルが平行である可能性もあるので，等号を含みます．

この三角不等式を成分で表すと，(4.11) 式のようになります．またこの関係式は，平面ベクトルに限らず一般に $n$ 次元ベクトルについても成立するので，(4.12) 式のように一般化することができます．

$$
\sqrt{(a_1 + b_1)^2 + (a_2 + b_2)^2} \leqq \sqrt{{a_1}^2 + {a_2}^2} + \sqrt{{b_1}^2 + {b_2}^2} \tag{4.11}
$$

$$
\left\{\sum_{k=1}^{n} (a_k + b_k)^2\right\}^{\frac{1}{2}} \leqq \left(\sum_{k=1}^{n} {a_k}^2\right)^{\frac{1}{2}} + \left(\sum_{k=1}^{n} {b_k}^2\right)^{\frac{1}{2}} \tag{4.12}
$$

次にベクトルの内積について考えると，$\vec{a}, \vec{b}$ のなす角 $\theta$ を用いて $\vec{a} \cdot \vec{b} = |\vec{a}||\vec{b}| \cos\theta$ と表せることからもわかるように，次のような不等式が成立します．

$$
|\vec{a} \cdot \vec{b}| \leqq |\vec{a}||\vec{b}| \tag{4.13}
$$

この (4.13) の不等式は，**コーシー・シュワルツの不等式**と呼ばれています．これについても三角不等式と同様，成分で表し，さらに $n$ 次元ベクトルに一般化することができます.（ここでは式の簡素化のため両辺を 2 乗してあります.）

$$(a_1b_1 + a_2b_2)^2 \leqq ({a_1}^2 + {a_2}^2)({b_1}^2 + {b_2}^2) \tag{4.14}$$

$$\left(\sum_{k=1}^{n} a_kb_k\right)^2 \leqq \left(\sum_{k=1}^{n} {a_k}^2\right)\left(\sum_{k=1}^{n} {b_k}^2\right) \tag{4.15}$$

三角不等式やコーシー・シュワルツの不等式の一般形は，任意の $n$ 次元ベクトルについて成立することから，任意の 2 組の $n$ 項からなる有限な実数列に関する絶対不等式であるとみなすことができます．そして，これらはベクトルとしての意味付けとは切り離して証明することができます.

コーシー・シュワルツの不等式の一般形 (4.15) は，$f(x) = \sum\limits_{k=1}^{n}(a_kx - b_k)^2 \geqq 0$ が任意の実数 $x$ について成立することから，この 2 次式 $f(x)$ の**判別式** $\leqq 0$ により導くことができます（ただし，$a_k$ が全て 0 の場合は例外処理が必要）．等号成立条件は，$a_k$ が全て 0 であるか，$f(x) = 0$ となるような $x$ が存在すること，すなわち，

$$\begin{aligned} &a_k = 0\ (k = 1, 2, \cdots, n) \quad \text{であるか，または} \\ &b_k = c \cdot a_k\ (k = 1, 2, \cdots, n) \quad \text{となる実数} c \text{が存在すること} \end{aligned} \tag{4.16}$$

となります．この条件は，ベクトル間の関係とみなすと，$\vec{a}$ と $\vec{b}$ が **1 次従属**であることに他なりません.

例題 4-5 では，まさに上記の方法でコーシー・シュワルツの不等式を証明した上で，応用しています.

**例題 4-5**　(1)　実数 $x_i, y_i$ を係数とする $n$ 個の $t$ の2次式：

$$(x_i t - y_i)^2 = {x_i}^2 t^2 - 2x_i y_i t + {y_i}^2 \quad (i = 1, 2, \cdots, n)$$

を用いて，不等式：

$$\left(\sum_{i=1}^{n} x_i y_i\right)^2 \leqq \left(\sum_{i=1}^{n} {x_i}^2\right)\left(\sum_{i=1}^{n} {y_i}^2\right)$$

が成り立つことを示せ.

(2)　実数 $a_1, a_2, a_3, a_4, a_5$ が

$$a_1 + a_2 + a_3 + a_4 + a_5 = 10,$$
$${a_1}^2 + {a_2}^2 + {a_3}^2 + {a_4}^2 + {a_5}^2 = 25$$

を満たすとき，$a_5$ の最大値を求めよ.　(1991 早稲田大 政経)

▽▼▽　**略解**　▽▼▽

(1)　$f(t) = \sum_{i=1}^{n}(x_i t - y_i)^2 \geqq 0$ が常に成り立つので，

$f(t) = \left(\sum_{i=1}^{n} {x_i}^2\right) t^2 - 2\left(\sum_{i=1}^{n} x_i y_i\right) t + \sum_{i=1}^{n} {y_i}^2$ の判別式

$$\frac{D}{4} = \left(\sum_{i=1}^{n} x_i y_i\right)^2 - \left(\sum_{i=1}^{n} {x_i}^2\right)\left(\sum_{i=1}^{n} {y_i}^2\right) \leqq 0.$$

等号が成り立つのは $f(t) = 0$ が重解を持つ，すなわちある $t$ が存在して，$i = 1, 2, \cdots, n$ の全てについて $x_i t - y_i = 0$ が成り立つとき.

(2)　$n = 4$，$x_i = 1$，$y_i = a_i$ $(i = 1, \cdots, 4)$ として (1) を適用すると，
$(10 - a_5)^2 \leqq 4(25 - {a_5}^2)$ となり，これより $0 \leqq a_5 \leqq 4$.
実際に $a_5 = 4$ となる場合が存在することを確認する. (1) の等号成立条件より，$y_i\ (= a_i)$ は全て等しいことになり，$a_1 = a_2 = a_3 = a_4 = \dfrac{3}{2}$ とすると確かに条件を満たす.
よって，最大値は $a_5 = 4$.

一方，三角不等式の一般形 (4.12) は，コーシー・シュワルツの不等式の一般形 (4.15) を用いて次のように証明できます.

$$\sum_{k=1}^{n}(a_k + b_k)^2$$

$$
\begin{aligned}
&= \sum_{k=1}^{n} {a_k}^2 + 2\sum_{k=1}^{n} a_k b_k + \sum_{k=1}^{n} {b_k}^2 \\
&\leqq \sum_{k=1}^{n} {a_k}^2 + 2\left|\sum_{k=1}^{n} a_k b_k\right| + \sum_{k=1}^{n} {b_k}^2 \\
&\leqq \sum_{k=1}^{n} {a_k}^2 + 2\left(\sum_{k=1}^{n} {a_k}^2\right)^{\frac{1}{2}}\left(\sum_{k=1}^{n} {b_k}^2\right)^{\frac{1}{2}} + \sum_{k=1}^{n} {b_k}^2 \\
&= \left\{\left(\sum_{k=1}^{n} {a_k}^2\right)^{\frac{1}{2}} + \left(\sum_{k=1}^{n} {b_k}^2\right)^{\frac{1}{2}}\right\}^2 \qquad (4.17)
\end{aligned}
$$

この両辺の平方根をとれば，(4.12) 式と一致します．等号成立条件は，(4.16) に加えて，$\sum_{k=1}^{n} a_k b_k$ が正であること，すなわち，$a_k$ と $b_k$ の符号が違わないことが必要となります．この条件は，ベクトル間の関係とみなすと，$\vec{a}$ と $\vec{b}$ が平行であり，なおかつ向きが等しいことを意味し，三角不等式の図形的な意味とも整合します．

他に，数列に関する不等式として，次の**チェビシェフの不等式**があります．これは，２組の数列が共に減少列（ないし共に増加列）の場合に成立する不等式です．

$$
\begin{aligned}
&a_1 \geqq a_2 \geqq \cdots \geqq a_n,\ b_1 \geqq b_2 \geqq \cdots \geqq b_n \text{ならば} \\
&\left(\frac{1}{n}\sum_{k=1}^{n} a_k\right)\left(\frac{1}{n}\sum_{k=1}^{n} b_k\right) \leqq \frac{1}{n}\sum_{k=1}^{n} a_k b_k \qquad (4.18)
\end{aligned}
$$

なお,「チェビシェフの不等式」と呼ばれるものは他にもいくつかあり，その中でも確率論におけるものが有名なので，(4.18) の不等式は，それと区別するために**チェビシェフの和の不等式**と呼ばれることもあります．

例題 4-6 は，増加列におけるチェビシェフの不等式で，$b_k = k$ とおいた場合の特別なケースです．

---

**例題 4-6**　すべては 0 でない $n$ 個の実数 $a_1, a_2, \cdots, a_n$ があり，
$a_1 \leqq a_2 \leqq \cdots \leqq a_n$ かつ $a_1 + a_2 + \cdots + a_n = 0$ を満たすとき，

$$a_1 + 2a_2 + \cdots + na_n > 0$$

が成り立つことを証明せよ．　　(1986 京都大)

---

▽▼▽ **略解** ▽▼▽

条件より $a_1 < 0 < a_n$ なので，ある整数 $k\ (1 \leqq k \leqq n-1)$ が存在して
$a_1 \leqq \cdots \leqq a_k \leqq 0 \leqq a_{k+1} \leqq \cdots \leqq a_n$ となる．このとき，

$$\begin{aligned} a_1 + 2a_2 + \cdots + ka_k &\geqq k(a_1 + a_2 + \cdots + a_k) \\ (k+1)a_{k+1} + \cdots + na_n &\geqq (k+1)(a_{k+1} + \cdots + a_n) \\ &> k(a_{k+1} + \cdots + a_n) \end{aligned}$$

$$\therefore \quad a_1 + 2a_2 + \cdots + na_n > k(a_1 + a_2 + \cdots + a_n) = 0.$$

## 4.4　積分についての絶対不等式

三角不等式やコーシー・シュワルツの不等式は，ベクトルの大きさや内積に関するものですが，ベクトルの大きさは自分自身との内積の正の平方根であると考えれば，いずれも内積に関する不等式であると言えます．高校までの数学では，内積は平面ないし 3 次元空間でしか定義されていませんが，大学以降の数学では，内積が定義される集合は一般の $n$ 次元空間にも限定されません．そのような内積が定義される集合を総称して**計量ベクトル空間**と呼び，計量ベクトル空間であれば一般に三角不等式やコーシー・シュワルツの不等式が成立します．

ある開区間 $(a, b)$ を定めると，その区間において定義される（厳密には二重可積分な）実関数全体の集合は，計量ベクトル空間となり，区間 $(a, b)$ における関数 $f(x)$ と $g(x)$ の**内積**$\langle f, g\rangle$ は次のように定積分の値として定義されます．

$$\langle f, g\rangle = \int_a^b f(x)g(x)dx \tag{4.19}$$

また，「ベクトルの大きさ」に相当する概念は**ノルム**と呼ばれ，$f(x)$ のノルム $\|f\|$ は次のように表されます．

$$\|f\| = \sqrt{\langle f, f\rangle} = \left[\int_a^b \{f(x)\}^2 dx\right]^{\frac{1}{2}} \tag{4.20}$$

なお，内積が定義できれば内積 $= 0$ により**直交**という概念も定義できるため，$n$ 次元空間における直交座標系に相当する**正規直交関数系**というものを考

えることができます．実は，以前「数値計算とテイラー展開」の回で取り上げたフーリエ級数は，ある正規直交関数系を用いて，$n$ 次元空間における「座標」に相当するポジションを求めたものだと考えることができます．

上記のように定義された内積・ノルムを用いると，三角不等式とコーシー・シュワルツの不等式は，それぞれ次のように表すことができます．

$$\|f+g\| \leqq \|f\| + \|g\| \tag{4.21}$$

$$|\langle f, g\rangle| \leqq \|f\|\|g\| \tag{4.22}$$

このうち，コーシー・シュワルツの不等式 (4.22) を証明させる問題は，大学入試でも例題 4-7 のように過去に何度か出題されています．証明は基本的には $n$ 次元ベクトルの場合と同じ考え方であり，さらに例題 4-7 では等号成立条件にも着目しています．また，これを利用して三角不等式 (4.22) を積分の形で表したものを証明させるのも，大学入試として出題可能な範囲でしょう．

**例題 4-7** (1) $f(x)$，$g(x)$ はともに区間 $a \leqq x \leqq b$ $(a < b)$ で定義された連続な関数とする．このとき，$t$ を任意の実数として $\displaystyle\int_a^b \{f(x)+tg(x)\}^2 dx$ を考えることにより 不等式

$$\left\{\int_a^b f(x)g(x)dx\right\}^2 \leqq \int_a^b \{f(x)\}^2 dx \cdot \int_a^b \{g(x)\}^2 dx$$

が成立することを示せ．また，等号はいかなるときに成立するかを述べよ．

ここで，区間 $a \leqq x \leqq b$ で定義された連続関数 $h(x)$ が $\displaystyle\int_a^b \{h(x)\}^2 dx = 0$ ならば，$h(x)$ はこの区間 $a \leqq x \leqq b$ で恒等的に 0 であることを用いてよい．

(2)　$f(x)$ は区間 $0 \leqq x \leqq \pi$ で定義された連続関数で

$$\left\{\int_0^{\pi}(\sin x+\cos x)f(x)dx\right\}^2=\pi\int_0^{\pi}\{f(x)\}^2dx$$

および $f(0)=1$ を満たしている．このとき，

(i)　$f(x)$ を求めよ．

(ii)　$\displaystyle\int_0^{\pi}\{f(x)\}^3dx$ を求めよ．　(1993 防衛医科大)

▽▼▽　**略解**　▽▼▽

(1)　$I(t)=\displaystyle\int_a^b\{f(x)+tg(x)\}^2dx \geqq 0$ は $t$ によらず成立．

展開して $I(t)=t^2\displaystyle\int_a^b\{g(x)\}^2dx+2t\int_a^b f(x)g(x)dx+\int_a^b\{f(x)\}^2dx.$

・$g(x)$ が区間 $[a,b]$ で恒等的に 0 ではないとき

$\displaystyle\int_a^b\{g(x)\}^2dx>0$ で $I(t)$ は $t$ の 2 次式となり，$t$ によらず $I(t)\geqq 0$ なので，判別式 $\leqq 0$ より与不等式が成立．等号成立条件は $I(t)=0$ すなわち $f(x)+tg(x)$ が恒等的に 0 となるような $t$ が存在すること．

・$g(x)$ が区間 $[a,b]$ で恒等的に 0 となるとき

与不等式の両辺は $f(x)$ によらず 0 で，等号成立．

以上より，与不等式は必ず成立し，等号成立条件は，区間 $[a,b]$ において $g(x)$ が恒等的に 0 であるか，区間 $[a,b]$ において $f(x)+tg(x)$ が恒等的に 0 となるような $t$ が存在すること．

(2)　(i) $g(x)=\sin x+\cos x$ を (1) の不等式に代入すると，与式はその不等式の等号が成立するケースに相当．等号成立条件と $f(0)=1$ より，$f(x)=\sin x+\cos x$.

(ii) $f(x)=\sqrt{2}\sin\left(x+\dfrac{\pi}{4}\right)$，$\{f(x)\}^3=2\sqrt{2}\sin\left(x+\dfrac{\pi}{4}\right)\left\{1-\cos^2\left(x+\dfrac{\pi}{4}\right)\right\}$.

$$\int\{f(x)\}^3dx=2\sqrt{2}\left\{-\cos\left(x+\frac{\pi}{4}\right)+\frac{1}{3}\cos^3\left(x+\frac{\pi}{4}\right)\right\}+C$$

となるので，$\displaystyle\int_0^{\pi}\{f(x)\}^3dx=\frac{10}{3}$.

# 第5章 チェビシェフの多項式

## ～$n$倍角から始まる定番メニュー～

大学入試の数学では，出題が特定の分野に偏るのは望ましくないため，複数の分野にまたがった内容をもち適度な難易度を備えた素材は大変重宝され，繰り返し出題されています．今回取り上げる「チェビシェフの多項式」も，漸化式や数学的帰納法，三角関数，複素数平面，高次方程式など，幅広い内容をカバーした典型的な定番素材と言えるでしょう．

## 5.1　$n$倍角公式とチェビシェフの多項式



三角関数の加法定理を学ぶと，その応用として，次のような**2倍角公式**や**3倍角公式**を導くことができます．

$$\cos 2\theta = 2\cos^2\theta - 1 \tag{5.1}$$

$$\sin 2\theta = 2\sin\theta\cos\theta \tag{5.2}$$

$$\tan 2\theta = \frac{2\tan\theta}{1-\tan^2\theta} \tag{5.3}$$

$$\cos 3\theta = 4\cos^3\theta - 3\cos\theta \tag{5.4}$$

$$\sin 3\theta = 3\sin\theta - 4\sin^3\theta \tag{5.5}$$

$$\tan 3\theta = \frac{3\tan\theta - \tan^3\theta}{1-3\tan^2\theta} \tag{5.6}$$

実際に公式として覚えるのは，通常 (5.6) を除く3倍角までですが，加法定理を繰り返し適用すれば4倍角，5倍角といくらでも公式を作ることは可能です．でも，どうせなら$n$倍角について一般化できないかと考えるのは，自然な流れでしょう．例題 5-1 の (1)(2) は，そのような $\cos n\theta$, $\sin n\theta$ について考えさせるオーソドックスな出題例です．

**例題 5-1**　$n$ は自然数とする.

(1)　すべての実数 $\theta$ に対し $\cos n\theta = f_n(\cos\theta)$,
$\sin n\theta = g_n(\cos\theta)\sin\theta$ をみたし，係数がともにすべて整数である $n$ 次式 $f_n(x)$ と $n-1$ 次式 $g_n(x)$ が存在することを示せ.

(2)　${f_n}'(x) = ng_n(x)$ であることを示せ.

(3)　$p$ を 3 以上の素数とするとき，$f_p(x)$ の $p-1$ 次以下の係数はすべて $p$ で割り切れることを示せ.　　　　(1996 京都大 理系・後期)

▽▼▽　**略解**　▽▼▽

(1)　$n=1$ のとき，$f_1(x)=x$，$g_1(x)=1$ により題意は成立し，なおかつ $f_1(x)$ の 1 次の係数と $g_1(x)$ の 0 次の係数（=定数）は正.
$n=k$ で題意が成立し，$f_k(x)$ の $k$ 次の係数と $g_k(x)$ の $k-1$ 次の係数が正ならば，加法定理より，
$\cos(k+1)\theta = f_k(\cos\theta)\cos\theta - g_k(\cos\theta)\sin^2\theta = f_k(\cos\theta)\cos\theta - g_k(\cos\theta)(1-\cos^2\theta)$,
$\sin(k+1)\theta = g_k(\cos\theta)\sin\theta\cos\theta + f_k(\cos\theta)\sin\theta = \{g_k(\cos\theta)\cos\theta + f_k(\cos\theta)\}\sin\theta$.
よって，$f_{k+1}(x) = xf_k(x) - (1-x^2)g_k(x)$，$g_{k+1}(x) = xg_k(x) + f_k(x)$ とすることで，$n=k+1$ でも題意が成立し，なおかつ，$f_{k+1}(x)$ の $k+1$ 次の係数と $g_{k+1}(x)$ の $k$ 次の係数は正.

(2)　$\cos n\theta = f_n(\cos\theta)$ の両辺を微分すると，
$-n\sin n\theta = -\sin\theta {f_n}'(\cos\theta)$ より ${f_n}'(\cos\theta) = ng_n(\cos\theta)$.

(3)　$f_p(x)$ の $k$ 次の係数を $a_k$ $(k=0,\cdots,p)$ とおくと，${f_p}'(x)$ の $k-1$ 次の係数は $ka_k$ $(k=1,\cdots,p)$. (2) より，これらはすべて $p$ の倍数であり，$k=1,\cdots,p-1$ において $k$ は $p$ と互いに素なので $a_k$ は $p$ の倍数. $a_0$ については，$\cos p\theta = f_p(\cos\theta)$ に $\theta = \dfrac{\pi}{2}$ を代入し，$p$ は奇数より，$f_p(0) = a_0 = 0$.

例題5-1では，$\cos n\theta$ を $\cos\theta$ の多項式として表しましたが，この多項式 $f_n(x)$ は $n$ 次の**チェビシェフの多項式**と呼ばれています.（以下，$T_n(x)$ と表します）

このチェビシェフの多項式を用いて，$n$ 倍角の余弦・正弦は次のように表されます.

$$\cos n\theta = T_n(\cos\theta) \tag{5.7}$$

$$\sin n\theta = \frac{{T_n}'(\cos\theta)\sin\theta}{n} \tag{5.8}$$

2倍角公式，3倍角公式からわかるように，低次のチェビシェフの多項式は

次のようなものです.

$$\begin{cases} T_1(x)=x, \quad T_2(x)=2x^2-1, \\ T_3(x)=4x^3-3x,\ T_4(x)=8x^4-8x^2+1 \end{cases} \tag{5.9}$$

一般の $n$ については, (5.10) 式のように書けます.

$$T_n(x)=\sum_{k=0}^{[n/2]} {}_n\mathrm{C}_{2k}(x^2-1)^k x^{n-2k} \tag{5.10}$$

チェビシェフの多項式はすべての係数が整数ですが, 係数の一般形を式で表すのは困難であり, これを (5.7)(5.8) に代入したものを cos, sin の $n$ 倍角公式と称するのは少々ためらわれます. しかし, tan については, 例題 5-2 のように有理式の形で $n$ 倍角公式らしきものを作ることができるようです. (入試の出題自体は, かなり強引な誘導を行っています)

**例題 5-2** 自然数 $n$ に対して, $\tan x$ の $n$ 倍角の公式を導きたい. そこで, $t=\tan x$ とおくとき, $\tan nx$ は $t$ に関する $n$ 次以下の多項式 $p_n(t)$ と $q_n(t)$ (ただし, $p_n(0)=1$) によって, $\tan nx=\dfrac{q_n(t)}{p_n(t)}$ と表されることを確かめよう.

$n=1$ のとき, $\tan x=\dfrac{t}{1}$ であるから, $p_1(t)=1$, $q_1(t)=t$ であり, $n=2$ のときは, $\tan 2x=\dfrac{2t}{1-t^2}$ より $p_2(t)=1-t^2$, $q_2(t)=2t$ である. これらは二項係数 ${}_n\mathrm{C}_k$ を用いて, $p_1(t)={}_1\mathrm{C}_0$, $q_1(t)={}_1\mathrm{C}_1 t$, $p_2(t)={}_2\mathrm{C}_0-{}_2\mathrm{C}_2 t^2$ および $q_2(t)={}_2\mathrm{C}_1 t$ と表されることに注意して, 次の問いに答えよ.

(1) $n=3,4,5$ のとき, $p_n(t)$, $q_n(t)$ を求めよ.

(2) 一般の $n$ について $p_n(t)$, $q_n(t)$ の具体的な形を予想し, その正しいことを証明せよ. (1992 静岡大 理 (数))

▽▼▽ **略解** ▽▼▽

(1) 加法定理を順次用いて,

$\tan 3x=\dfrac{3t-t^3}{1-3t^2}$, $\tan 4x=\dfrac{4t-4t^3}{1-6t^2+t^4}$, $\tan 5x=\dfrac{5t-10t^3+t^5}{1-10t^2+5t^4}$ より,

$p_3(t)=1-3t^2$, $q_3(t)=3t-t^3$, $p_4(t)=1-6t^2+t^4$, $q_4(t)=4t-4t^3$,

$p_5(t)=1-10t^2+5t^4$, $q_5(t)=5t-10t^3+t^5$

(2)　(1) の結果より次のように予想する．

$p_{2m-1}(t)=\sum_{i=0}^{m-1}(-1)^i{}_{2m-1}\mathrm{C}_{2i}t^{2i}$，$q_{2m-1}(t)=\sum_{i=0}^{m-1}(-1)^i{}_{2m-1}\mathrm{C}_{2i+1}t^{2i+1}$，

$p_{2m}(t)=\sum_{i=0}^{m}(-1)^i{}_{2m}\mathrm{C}_{2i}t^{2i}$，$q_{2m}(t)=\sum_{i=0}^{m-1}(-1)^i{}_{2m}\mathrm{C}_{2i+1}t^{2i+1}$

これを，$m$ についての数学的帰納法で証明する．

$\tan x=\dfrac{t}{1}$，$\tan 2x=2t1-t^2$ より，$m=1$ で成立．

$m=k$ で成立したとすると，$\tan(2k+1)t=\dfrac{t+\dfrac{q_{2k}(t)}{p_{2k}(t)}}{1-t\dfrac{q_{2k}(t)}{p_{2k}(t)}}$

$$=\frac{tp_{2k}(t)+q_{2k}(t)}{p_{2k}(t)-tq_{2k}(t)}=\frac{\sum_{i=0}^{k}(-1)^i{}_{2k}\mathrm{C}_{2i}t^{2i+1}+\sum_{i=0}^{k-1}(-1)^i{}_{2k}\mathrm{C}_{2i+1}t^{2i+1}}{\sum_{i=0}^{k}(-1)^i{}_{2k}\mathrm{C}_{2i}t^{2i}-\sum_{i=0}^{k-1}(-1)^i{}_{2k}\mathrm{C}_{2i+1}t^{2(i+1)}}$$

$$=\frac{\sum_{i=0}^{k-1}(-1)^i({}_{2k}\mathrm{C}_{2i}+{}_{2k}\mathrm{C}_{2i+1})t^{2i+1}+(-1)^kt^{2k+1}}{1+\sum_{i=1}^{k}(-1)^i({}_{2k}\mathrm{C}_{2i}+{}_{2k}\mathrm{C}_{2i-1})t^{2i}}=\frac{\sum_{i=0}^{k}(-1)^i{}_{2k+1}\mathrm{C}_{2i+1}t^{2i+1}}{\sum_{i=0}^{k}(-1)^i{}_{2k+1}\mathrm{C}_{2i}t^{2i}}.$$

これを $\dfrac{q_{2k+1}}{p_{2k+1}}$ とおいて，$\tan(2k+2)t=\dfrac{tp_{2k+1}(t)+q_{2k+1}(t)}{p_{2k+1}(t)-tq_{2k+1}(t)}$

$$=\frac{\sum_{i=0}^{k}(-1)^i({}_{2k+1}\mathrm{C}_{2i}+{}_{2k+1}\mathrm{C}_{2i+1})t^{2i+1}}{1+\sum_{i=1}^{k}(-1)^i({}_{2k+1}\mathrm{C}_{2i}+{}_{2k+1}\mathrm{C}_{2i-1})t^{2i}+(-1)^{k+1}t^{2(k+1)}}$$

$=\dfrac{\sum_{i=0}^{k}(-1)^i{}_{2k+2}\mathrm{C}_{2i+1}t^{2i+1}}{\sum_{i=0}^{k+1}(-1)^i{}_{2k+2}\mathrm{C}_{2i}t^{2i}}$．よって，$m=k+1$ でも成立．

……………………………………………………………………………………

## 5.2　チェビシェフの多項式の性質

チェビシェフの多項式は，漸化式の問題の題材としてよく用いられます．例題 5-1(1) の略解にもあるように，$g_n(x)=T_n{}'(x)/n$ とおくと，加法定理より

次のような漸化式が成り立ちます.

$$\begin{cases} T_{n+1}(x) = xT_n(x) + (x^2-1)g_n(x) \\ g_{n+1}(x) = xg_n(x) + T_n(x) \end{cases} \tag{5.11}$$

ここからさらに $g_n(x)$ を消去すると, $T_n(x)$ だけの3項間漸化式が得られます.

$$T_{n+2}(x) = 2xT_{n+1}(x) - T_n(x) \tag{5.12}$$

例題5-3は今年度の出題ですが, (5.11)の形の漸化式がまず与えられて, それが $n$ 倍角の余弦・正弦を作り出す多項式となっていることを確認させる形を取っています. (2)で証明させているのは, $\cos^2 n\theta + \sin^2 n\theta = 1$ に対応する式です.

**例題 5-3** 多項式 $f_1(x)$, $f_2(x)$, …および $g_1(x)$, $g_2(x)$, …を次の手順(a), (b)により定める.

(a) $f_1(x) = x$, $g_1(x) = 1$

(b) $f_n(x)$, $g_n(x)$ が定まったとき,

$$f_{n+1}(x) = xf_n(x) + (x^2-1)g_n(x),$$
$$g_{n+1}(x) = f_n(x) + xg_n(x)$$

によって $f_{n+1}(x)$, $g_{n+1}(x)$ を定める.

このとき, 以下の問いに答えよ.

(1) $f_2(x), g_2(x)$ および $f_3(x), g_3(x)$ を求めよ.

(2) 自然数 $n$ に対して, 等式 $\{f_n(x)\}^2 - (x^2-1)\{g_n(x)\}^2 = 1$ が成立することを証明せよ.

(3) 自然数 $n$ に対して, 次の等式を証明せよ.

$$f_n(\cos\theta) = \cos n\theta, \quad g_n(\cos\theta)\sin\theta = \sin n\theta$$

(2008 埼玉大 理 (数))

▽▼▽ **略解** ▽▼▽

(1) $f_2(x) = 2x^2-1$, $g_2(x) = 2x$, $f_3(x) = 4x^3-3x$, $g_3(x) = 4x^2-1$

(2) $\{f_1(x)\}^2 - (x^2-1) = x^2 - (x^2-1) = 1$.

$n = k$ で等式が成立すると仮定すると, $\{f_{k+1}(x)\}^2 - (x^2-1)\{g_{k+1}(x)\}^2$

$= \{xf_k(x)+(x^2-1)g_k(x)\}^2-(x^2-1)\{f_k(x)+xg_k(x)\}^2 = \{f_k(x)\}^2-(x^2-1)\{g_k(x)\}^2$
となり，$n = k+1$ でも成立．(数学的帰納法)

(3)　$f_1(\cos\theta) = \cos\theta$，$g_1(\cos\theta)\sin\theta = \sin\theta$．$n = k$ で成立すると仮定すると，

$$\cos(n+1)\theta = \cos\theta f_n(\cos\theta) - \sin\theta g_n(\cos\theta)\sin\theta$$
$$= \cos\theta f_n(\cos\theta) + (\cos^2\theta - 1)g_n(\cos\theta) = f_{n+1}(\cos\theta),$$
$$\sin(n+1)\theta = \sin\theta f_n(\cos\theta) + \cos\theta g_n(\cos\theta)\sin\theta$$
$$= \{f_n(\cos\theta) + \cos\theta g_n(\cos\theta)\} = g_{n+1}(\cos\theta)\sin\theta$$

となり，$n = k+1$ でも成立．(数学的帰納法)

……………………………………………………………………………………………

(5.12) の3項間漸化式を使うと，(5.9) より $T_n(x)$ の $n$ 次の係数が $2^{n-1}$ であることは明らかです．さらに $T_n(x)$ には，$n$ が奇数のときは奇数次のみ，偶数のときは偶数次のみの項しかないことも帰納的に確かめられ，チェビシェフの多項式は奇数次の場合は**奇関数**，偶数次の場合は**偶関数**となります．この性質は，次のような形でも表されます．

$$T_n(-x) = (-1)^n T_n(x) \tag{5.13}$$

さて，$\sin n\theta$ についての (5.8) 式は，(5.7) 式を微分することで得られますが，(5.7) 式を2回微分すると，次のようになります．

$$-n^2\cos n\theta = -\cos\theta T_n{}'(\cos\theta) + \sin^2\theta T_n{}''(\cos\theta)$$
$$= -\cos\theta T_n{}'(\cos\theta) + (1-\cos^2\theta)T_n{}''(\cos\theta) \tag{5.14}$$

この $\cos n\theta$ に (5.7) 式をあらためて代入することで，次の**チェビシェフの微分方程式**が得られます．

$$(1-x^2)T_n{}''(x) - xT_n{}'(x) + n^2T_n(x) = 0 \tag{5.15}$$

**例題 5-4**　(1)　$x = \cos\theta$ とおき，$\cos 2\theta$，$\cos 3\theta$ を $x$ で表せ．
(2)　任意の自然数 $n$ に対して，$\cos n\theta = g_n(\cos\theta)$ となる
$n$ 次の多項式 $g_n(x)$ が存在することを示せ．
(3)　$g_n(x)$ は次の微分方程式を満たすことを示せ．
$$(1-x^2)g_n{}''(x) - xg_n{}'(x) + n^2g_n(x) = 0$$
(1994 高知大 理)

▽▼▽ **略解** ▽▼▽

(1) $\cos 2\theta = 2x^2 - 1$, $\cos 3\theta = 4x^3 - 3x$.

(2) $\cos(k+1)\theta + \cos(k-1)\theta = 2\cos k\theta \cos\theta$ より
$\cos(k+1)\theta = 2g_k(\cos\theta)\cos\theta - g_{k-1}(\cos\theta)$ となって，数学的帰納法が成立.

(3) 省略（本文参照）

## 5.3 チェビシェフの多項式と複素数平面

$n$ 倍角を代数的に扱う場合は，偏角 $\theta$ の複素数の $n$ 乗を考えます．$n$ 倍角の余弦・正弦は，$(\cos\theta + i\sin\theta)^n$ を**二項定理**で展開し，実部と虚部に分けることで得られます.

$$\begin{aligned}\cos n\theta + i\sin n\theta &= (\cos\theta + i\sin\theta)^n \\ &= \sum_{m=0}^{n} {}_n\mathrm{C}_m (\cos\theta)^{n-m}(i\sin\theta)^m \\ &= \sum_{k=0}^{[n/2]} {}_n\mathrm{C}_{2k}(\cos\theta)^{n-2k}(\cos^2\theta - 1)^k \\ &\quad + i\sin\theta \sum_{k=0}^{\left[\frac{n-1}{2}\right]} {}_n\mathrm{C}_{2k+1}(\cos\theta)^{n-2k-1}(\cos^2\theta - 1)^k\end{aligned} \tag{5.16}$$

(5.10) 式はここから導かれたものであり，チェビシェフの多項式の項が，奇数次のみないし偶数次のみしか出現しない理由はこの式より明らかです.

また，例題 5-2 で $\tan nx$ を $\tan x$ の**有理式**で表しましたが，$x$ を $z = 1 + ti$ の偏角，$nx$ を $z^n = p_n(t) + q_n(t)i$ の偏角と考えると，$\tan nx = \dfrac{q_n(t)}{p_n(t)}$ となり，$z^n$ の二項展開から得られた次式を実部と虚部に分けたものが，例題 5-2(2) の結果となっているのです.

$$p_n(t) + q_n(t)i = \sum_{k=0}^{n} {}_n\mathrm{C}_k (ti)^k \tag{5.17}$$

例題 5-5 では，絶対値が 1 の複素数 $t$ の偏角を $\theta$ としたとき，$t + \dfrac{1}{t} = 2\cos\theta$，$t - \dfrac{1}{t} = 2i\sin\theta$ となることを踏まえて，$\sin n\theta$ とチェビシェフの多項式の関

係を扱っています．本問における $f_n(x)$ は，$f_n(x)=\dfrac{1}{n}T_n{}'\left(\dfrac{x}{2}\right)$ と表される関数です．

**例題 5-5**　正の整数 $n$ に対して，$F_n(t)=\dfrac{t^n-\dfrac{1}{t^n}}{t-\dfrac{1}{t}}$ とおく．

(1)　$n>1$ に対して $F_n(t)\left(t+\dfrac{1}{t}\right)$ を $F_{n+1}(t)$ と $F_{n-1}(t)$ で表せ．

(2)　$x=t+\dfrac{1}{t}$ とおくとき，$F_n(t)=f_n(x)$ となる多項式 $f_n(x)$ が存在することを証明せよ．また，$f_1(x)$，$f_2(x)$，$f_3(x)$ を求めよ．

(3)　$f_n(0)$ を求めよ．

(4)　$t=\cos\theta+i\sin\theta$ とおくことにより，等式 $f_n(2\cos\theta)=\dfrac{\sin n\theta}{\sin\theta}$ が成立することを証明せよ．　(2004 東京都立大 理工)

▽▼▽　**略解**　▽▼▽

(1)　$F_n(t)(t+t^{-1})=\dfrac{(t^n-t^{-n})(t+t^{-1})}{t-t^{-1}}$

$=\dfrac{t^{n+1}-t^{-(n+1)}+t^{n-1}-t^{-(n-1)}}{t-t^{-1}}=F_{n+1}(t)+F_{n-1}(t)$

(2)　(1) より $F_{n+1}(t)=xF_n(t)-F_{n-1}(t)$ となり，$F_1(t)=1$，$F_2(t)=t+t^{-1}=x$ なので，数学的帰納法により成立．

$f_1(x)=F_1(t)=1$，$f_2(x)=F_2(t)=x$，$f_3(x)=xf_2(x)-f_1(x)=x^2-1$．

(3)　$x=0$ となるのは，$t=\pm i$ のとき．よって，$f_n(0)=F_n(i)=\dfrac{i^n-i^{-n}}{2i}$．

$n$ が偶数のとき $f_n(0)=0$，$n$ が 4 で割って 1 あまる数のとき $f_n(0)=1$，

$n$ が 4 で割って 3 あまる数のとき $f_n(0)=-1$．

(4)　ド・モアブルの定理より，$t^n=\cos n\theta+i\sin n\theta$，$t^{-n}=\cos n\theta-i\sin n\theta$，

$t^{-1}=\cos\theta-i\sin\theta$．$x=t+t^{-1}=2\cos\theta$，$f_n(x)=F_n(t)$ より，

$f_n(2\cos\theta)=\dfrac{\cos n\theta+i\sin n\theta-(\cos n\theta-i\sin n\theta)}{\cos\theta+i\sin\theta-(\cos\theta-i\sin\theta)}=\dfrac{\sin n\theta}{\sin\theta}$．

**複素数平面**については，新学習指導要領により残念ながら現在高校の教科書から消えています．ド・モアブルの定理どころか，偏角という概念自体教科書準拠の授業では教わらないのです．したがって，2006 年から始まった新指導要領対応の大学入試では，たとえば 1 の $n$ 乗根にまつわる問題なども出題しに

くくなっています．

次に挙げる2007年度に出題された2問（例題5-6，5-7）は，複素数平面が扱えなくなった代わりに，近い領域の内容をチェビシェフの多項式を用いた実数解を持つ高次方程式の問題として出題している節があります．例題5-7の(3)などは，従来であれば，1の7乗根の問題として考えるのが自然でしょう．今後，このような形でチェビシェフの多項式が用いられる出題が増えるかもしれません．

**例題 5-6** $\cos\left(\frac{2\pi}{5}\right)$ の値を求めるために $\cos\left(\frac{2\pi}{5}\right)=t$ とおく．このとき，以下の問いに答えよ．ただし，$2\pi=360°$ である．

(1) $\cos\left(\frac{\pi}{10}\right)$ を $t$ で表せ．

(2) すべての実数 $\theta$ に対して $\cos(5\theta)=P(\cos\theta)$ となる5次の多項式 $P(x)$ を一つ求めよ．

(3) $t$ の値を求めよ． （2007 横浜市立大 医）

▽▼▽ **略解** ▽▼▽

(1) $\cos\frac{\pi}{10}=\cos\left(\frac{\pi}{2}-\frac{2\pi}{5}\right)=\sin\frac{2\pi}{5}=\sqrt{1-t^2}$

(2) $\cos 5\theta=\cos 2\theta\cos 3\theta-\sin 2\theta\cos 3\theta=16\cos^5\theta-20\cos^3\theta+5\cos\theta$ より，
$P(x)=16x^5-20x^3+5x$

(3) $P(\cos\theta)=\cos 5\theta$ に $\theta=\frac{\pi}{10}$ を代入すると，$P\left(\cos\frac{\pi}{10}\right)=\cos\frac{\pi}{2}=0$.
$P(x)=x(16x^4-20x^2+5)=0$ の解は $x=0,\pm\frac{\sqrt{10+2\sqrt{5}}}{4},\pm\frac{\sqrt{10-2\sqrt{5}}}{4}$.
ここで，$P(\cos\theta)=\cos 5\theta=0$ は $\theta=\frac{(2n+1)\pi}{10}$ （$n$ は整数）において成立するので，
$P(x)=0$ は少なくとも $\cos\frac{\pi}{10}$，$\cos\frac{3\pi}{10}$，$\cos\frac{\pi}{2}$，$\cos\frac{7\pi}{10}$，$\cos\frac{9\pi}{10}$ を解にもつ．
これらはすべて異なる値をとるので，最も大きい $\cos\frac{\pi}{10}$ は $\frac{\sqrt{10+2\sqrt{5}}}{4}$ に対応する．
$\sqrt{1-t^2}=\frac{\sqrt{10+2\sqrt{5}}}{4}$，$t^2=\frac{3-\sqrt{5}}{8}$，$t>0$ より $t=\sqrt{\frac{3-\sqrt{5}}{8}}=\frac{\sqrt{5}-1}{4}$.

**例題 5-7**　(1)　$\cos 3\theta = f(\cos\theta)$ を満たす3次式 $f(x)$ と，$\cos 4\theta = g(\cos\theta)$ を満たす4次式 $g(x)$ を求めなさい．また，多項式 $h(x)$ で，$(x-1)h(x) = g(x) - f(x)$ を満たすものを求めなさい．
(2)　$h(x)$ を (1) で求めた多項式とする．
$0 \leqq \theta \leqq \pi$ とするとき，$h(\cos\theta) = 0$ であるためには，$\theta = \dfrac{2\pi}{7}$ または $\dfrac{4\pi}{7}$ または $\dfrac{6\pi}{7}$ であることが必要十分であることを証明しなさい．
(3)　$\cos\dfrac{2\pi}{7} + \cos\dfrac{4\pi}{7} + \cos\dfrac{6\pi}{7}$ の値を求めなさい．値だけでなく，なぜそうなるのかも書くこと．　(2007 慶応義塾大 理工)

▽▼▽　**略解**　▽▼▽

(1)　$f(x) = 4x^3 - 3x$，$g(x) = 8x^4 - 8x^2 + 1$.
$g(x) - f(x) = 8x^4 - 4x^3 - 8x^2 + 3x + 1 = (x-1)(8x^2 + 4x^2 - 4x - 1)$ より，
$h(x) = 8x^3 + 4x^2 - 4x - 1$.

(2)　$h(1) = 7 \neq 0$ より，$h(\cos\theta) = 0$ ならば $\cos\theta \neq 1$ と言えるので，
$h(\cos\theta) = 0 \iff$
$(\cos\theta - 1)h(\cos\theta) = \cos 4\theta - \cos 3\theta = -2\sin\dfrac{7\theta}{2}\sin\dfrac{\theta}{2} = 0$ かつ $\cos\theta \neq 1$.
ここで，$0 \leqq \theta \leqq \pi$ より，
$\sin\dfrac{7\theta}{2} = 0$ のとき，$\theta = 0,\ \dfrac{2\pi}{7},\ \dfrac{4\pi}{7},\ \dfrac{6\pi}{7}$,
$\sin\dfrac{\theta}{2} = 0$ のとき，$\theta = 0$.
これと，$\cos\theta \neq 1$ より，$h(\cos\theta) = 0 \iff \theta = \dfrac{2\pi}{7}$ または $\dfrac{4\pi}{7}$ または $\dfrac{6\pi}{7}$.

(3)　$\cos\dfrac{2\pi}{7}$，$\cos\dfrac{4\pi}{7}$，$\cos\dfrac{6\pi}{7}$ は，いずれも3次方程式 $h(x) = 0$ の解であり，どれも値は異なるので，解と係数の関係より，$\cos\dfrac{2\pi}{7} + \cos\dfrac{4\pi}{7} + \cos\dfrac{6\pi}{7} = -\dfrac{1}{2}$.

## 5.4　チェビシェフ展開とフーリエ級数

チェビシェフの多項式について紹介した記述には，必ずと言っていいほど図5.1のようなグラフが添付されています．これは，次数の低い方から順にいくつかのチェビシェフの多項式のグラフを重ね合わせたもの（図5.1では1次か

ら6次までのグラフを重ねています）であり，チェビシェフの多項式の性質をよく表しています．

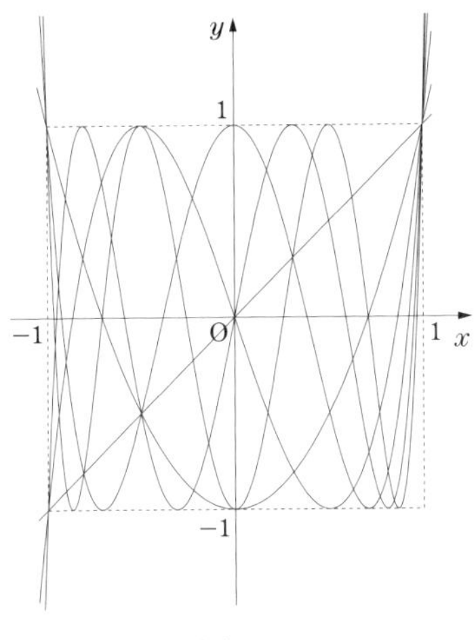


図 5.1

この図を一見してわかる特徴としては，次のようなものが挙げられます．

- $|x| \leqq 1$ で $|T_n(x)| \leqq 1$ (5.18)
- $|x| > 1$ で $|T_n(x)| > 1$ (5.19)
- $T_n(1) = 1,\ T_n(-1) = (-1)^n$ (5.20)
- $T_n(x) = 0$ は $-1 < x < 1$ で $n$ 個の解を持つ (5.21)
- ${T_n}'(x) = 0$ は $-1 < x < 1$ で $n-1$ 個の解を持ち
  各解において $|T_n(x)| = 1$ (5.22)

これらはそれぞれ重要な特徴ですが，それ以前に全体を見てまず思い浮かぶのは，波長の違う正弦波を重ね合わせたグラフとの類似性でしょう．そして，$n$ 倍角との関係からも予想できる通り，両者は単に類似しているだけではなく，数学的に明確に対応付けられます．

(5.7) の関係より，$-1 \leqq x \leqq 1$ におけるチェビシェフの多項式は次のように

$\theta$ で置換できます.

$$x = \cos\theta (0 \leqq \theta \leqq \pi) \text{ のとき } T_n(x) = \cos n\theta \tag{5.23}$$

この置換は次数によらず共通して成立するので，$y = T_n(x)$ を重ね合わせたグラフは，$y = \cos n\theta$ を重ね合わせたグラフの $y$ 軸方向の関係を保ったまま横軸方向に伸縮させたものになっているのです．その対応関係を，3次以下のみをプロットした図 5.2，図 5.3 で確認してみてください．($x = \cos\theta$ は単調減少なので，置換により左右は反転しています.)

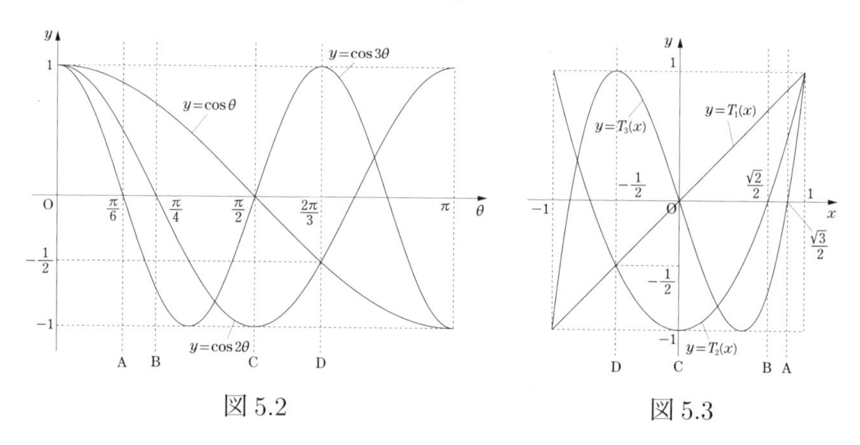


図 5.2　　　図 5.3

この2つのグラフの関係は，図 5.2 の $y = \cos n\theta$ のグラフを半径1の円柱に巻き付けて，それを $y = \cos\theta$ が直線に見える方向から見たものが図 5.3 の $y = T_n(x)$ のグラフであるとみなすこともできます.

以上のグラフの性質から，さらに $T_n(x) = 0$ の $n$ 個の解が $x = \cos\dfrac{(2k-1)\pi}{2n}$ $(k = 1, \cdots, n)$ であることや，$T_n{}'(x) = 0$ の $n-1$ 個の解が $x = \cos\dfrac{k\pi}{n}$ $(k = 1, \cdots, n-1)$ であることがわかります．$T_n(x)$ の $n$ 次の係数が $2^{n-1}$ であることはわかっているので，この事実は次のような形で表せます.

$$T_n(x) = 2^{n-1}\prod_{k=1}^{n}\left(x - \cos\frac{(2k-1)\pi}{2n}\right) \tag{5.24}$$

$$T_n{}'(x) = 2^{n-1}n\prod_{k=1}^{n-1}\left(x - \cos\frac{k\pi}{2n}\right) \tag{5.25}$$

前出の例題 5-6 ではこの (5.24) 式の考え方をそのまま扱っていますが，次の例題 5-8 ではもうひとひねりしてあります．

**例題 5-8**　$n$ を 2 以上の整数とする．

(1)　$n-1$ 次多項式 $P_n(x)$ と $n$ 次多項式 $Q_n(x)$ ですべての実数 $\theta$ に対して

$$\sin(2n\theta) = n\sin(2\theta)P_n(\sin^2\theta)$$
$$\cos(2n\theta) = Q_n(\sin^2\theta)$$

を満たすものが存在することを帰納法を用いて示せ．

(2)　$k = 1, 2, \cdots, n-1$ に対して $\alpha_k = \left(\sin\dfrac{k\pi}{2n}\right)^{-2}$ とおくと

$$P_n(x) = (1-\alpha_1 x)(1-\alpha_2 x)\cdots(1-\alpha_{n-1}x)$$

となることを示せ．

(3)　$\displaystyle\sum_{k=1}^{n-1}\alpha_k = \frac{2n^2-2}{3}$ を示せ．　(1990 東京工業大 後期)

▽▼▽　**略解**　▽▼▽

(1)　$\sin 4\theta = 2\sin 2\theta(1-2\sin^2\theta)$，$\cos 4\theta = 1-8\sin^2\theta+8\sin^4\theta$ より，
$P_2(x) = 1-2x$，$Q_2(x) = 1-8x+8x^2$．
以下，題意に加え，$P_n(x)$ と $Q_n(x)$ の最高次の係数の符号が逆であることと，両者の定数項がともに 1 であることを併せて数学的帰納法で示す．
$n = m$ で成立すると仮定すると，$P_{m+1}(x) = \dfrac{m}{m+1}(1-2x)P_m(x) + \dfrac{1}{m+1}Q_m(x)$，
$Q_{m+1}(x) = (1-2x)Q_m(x) - 4mx(1-x)P_m(x)$ により，$n = m+1$ でも成立．

(2)　$\beta_k = \dfrac{1}{\alpha_k} = \sin^2\dfrac{k\pi}{2n}$ とおく．$P_n(x)$ の定義より $\sin k\pi = n\sin\dfrac{k\pi}{n}P_n(x)$ となり，
$\sin k\pi = 0$，$\sin\dfrac{k\pi}{n} \neq 0$ より，$P_n(\beta_k) = 0$．よって，$x = \beta_k$ $(k = 1, 2, \cdots, n-1)$ は $P_n(x) = 0$ の $n-1$ 個の異なる解となり，$P_n(x) = a(x-\beta_1)(x-\beta_2)\cdots(x-\beta_{n-1})$
$= a\left(x-\dfrac{1}{\alpha_1}\right)\left(x-\dfrac{1}{\alpha_2}\right)\cdots\left(x-\dfrac{1}{\alpha_{n-1}}\right)$ ($a$ は 0 でない定数) と表せる．(1) より定数項が 1 なので，与式が成立．

(3)　$P_n(x)$ の 1 次の係数を $b_n$，$Q_n(x)$ の 1 次の係数を $c_n$ とすると，(2) より，与式が成立することと $b_n = \dfrac{-2n^2+2}{3}$ は等価．
ここで，(1) の途中式より漸化式 $b_{n+1} = \dfrac{n}{n+1}(b_n-2) + \dfrac{c_n}{n+1}$，$c_{n+1} = c_n - 2 - 4n$ が得られるので，$b_n = \dfrac{-2n^2+2}{3}$ と $c_n = -2n^2$ が数学的帰納法で示される．

例題5-8の $P_n(x)$ は，$P_n(\sin^2\theta) = \dfrac{T_n{}'(\cos 2\theta)}{n^2}$ を満たす多項式であり，(5.25) 式から $P_n(x) = \dfrac{2^{2n-2}}{n}\displaystyle\prod_{k=1}^{n-1}\left(\sin^2\dfrac{k\pi}{2n} - x\right)$ となりますが，本問ではこの定数項が 1 であることを別途示す必要があります．また，ここから $\displaystyle\prod_{k=1}^{n-1}\sin\dfrac{k\pi}{2n} = \dfrac{\sqrt{n}}{2^{n-1}}$ という興味深い結果も得られました．

チェビシェフの多項式の変数を置換して得られる $\cos n\theta$ の系列を用いると，$[0, \pi]$ で定義される任意の関数のフーリエ（余弦）級数が得られますが，このことは，$[-1, 1]$ で定義される任意の関数 $f(x)$ がチェビシェフの多項式の系列を用いて次式のように展開できることを意味します．

$$f(x) = \frac{a_0}{2} + \sum_{n=1}^{\infty} a_n T_n(x) \tag{5.26}$$

この (5.26) の展開のことを**チェビシェフ展開**と呼び，チェビシェフ展開における最初の数項を使った近似のことを**チェビシェフ多項式近似**と呼びます．

フーリエ級数は正弦波に分解するので，波形の解析などで威力を発揮しますが，チェビシェフ展開では任意の次数の多項式による近似が得られるので，計算機による様々な数値計算で応用されます．同じく多項式近似を得る手法としてテイラー展開がありますが，テイラー展開は無限回微分可能な関数しか扱えないという制約があり，また，基本的には 1 点の近傍での近似なので，ある範囲全体で関数を近似する場合はチェビシェフ展開の方がより効率よく誤差を減らしていくことができます．

図5.1のような不可思議な挙動を示すこの多項式は，受験の世界でこそ数学的帰納法の練習台となっていますが，本当は非常に奥深く，また応用にも優れた働き者なのです．

# 第6章 行列と線形計算 ～CPU 時間の大量消費者～

高校の学習指導要領に**行列**が最初に本格的に登場したのは，昭和 48 年施行のものからでした．これは当時の「数学教育の現代化」の時代風潮とも重なっています．高校で取り扱う行列には，連立 1 次方程式等を取り扱うための計算ツールとしての側面と，座標平面（空間）上の 1 次変換を表すものとしての側面がありますが，当時はいずれも $2 \times 2$ 行列までのみを取り扱うものとされていました．その後，平成 6 年施行の指導要領から複素数平面が導入されたのと入れ替わりに，1 次変換の取り扱いが教科書から消えたのですが，その代わりに，行列の計算としては $3 \times 3$ 行列まで取り扱うことが明記されました．そして，平成 15 年施行の学習指導要領より，再び複素数平面と入れ替わりで 1 次変換の取り扱いが復活し，$3 \times 3$ 行列の計算はそのまま残ったので，他の各分野で取り扱う内容が削減された中，行列の分野だけは，結果的に今までで最も広い範囲を取り扱えるようになっています．

今回は，行列についての内容のうち，行列自体の計算に重点を置いて見ていきたいと思います．



## 6.1 連立 1 次方程式と rank

工学や自然科学・人文科学の様々な分野での数値計算は，最終的に（時として巨大な）連立 1 次方程式に帰結する場合が多く，世界中の計算機は日夜，行列の形で記述された連立 1 次方程式を解くことに CPU 時間のかなりの割合を費やしています．連立 1 次方程式は，未知数を並べた列ベクトルを $\boldsymbol{x}$，**係数行列**を $A$，定数項を並べた列ベクトルを $\boldsymbol{c}$ として，

$$A\boldsymbol{x} = \boldsymbol{c} \tag{6.1}$$

と表されます．$A$ が正則な正方行列の場合，これを解くということは，原理的には，$A$ の逆行列を両辺に左から掛けることを意味します．

$$\boldsymbol{x} = A^{-1}A\boldsymbol{x} = A^{-1}\boldsymbol{c} \tag{6.2}$$

この，$A$ の逆行列を左から掛けることに相当する操作を機械的に行う手法として，**掃き出し法**と呼ばれるものが知られています．これは，(6.1) 式の左辺の $A$ に対し，次の3種類の**左基本変形**と呼ばれる操作を繰り返し行うことにより，単位行列 $E$ に変形するというもので，その変形の過程で同様の操作を右辺にも施すことにより，最終的に (6.2) 式と同じ結果が得られます．

左基本変形：

(1)　2つの行を入れ替える

(2)　ある行に0でない数を掛ける

(3)　ある行に他のある行の定数倍を加える

これらの基本変形は，いずれも基本行列と呼ばれる正則行列を左から掛けることで実現できるので，行った変形に対応する基本行列を順次掛け合わせたものが $A$ の逆行列となります．したがって，$A$ と $E$ を並べて書いたものに対し，同時に左基本変形を繰り返し行って $A$ を $E$ に変化させると，$E$ は $A^{-1}$ に変化します．これが掃き出し法による逆行列の求め方となります．

$$\begin{pmatrix} A & E \end{pmatrix} \implies \begin{pmatrix} E & A^{-1} \end{pmatrix} \tag{6.3}$$

ここまでは，係数行列 $A$ が正則な（すなわち，逆行列を持つ）行列となる場合ですが，一般には係数行列が正則であるとは限らず，それ以前に式の数が変数の数と一致して $A$ が正方行列になるとも限りません．$A$ が正則でない場合，解の一部がパラメータで表される不定解となったり，解が存在しない場合もありますが，そのような場合でも掃き出し法で行列を可能な限り簡単な形に変形することで，どういう解を持つかを特定することができます．基本変形は可逆な変形なので，連立1次方程式の本質を損なうことなく，整理することができるのです．

例題6-1では，係数行列が正則でない場合に，掃き出し法を用いて解の範囲を特定しています．

**例題 6-1**　3次単位行列 $E$ の第1行の $-2$ 倍を第3行に加えた行列を $P$ とする．

(1)　$QP = E$ となる行列 $Q$ を求めよ．

(2)　行列 $R = \begin{pmatrix} a_1 & a_2 & a_3 & a_4 \\ b_1 & b_2 & b_3 & b_4 \\ c_1 & c_2 & c_3 & c_4 \end{pmatrix}$ について $S = PR$ を求めよ．

(3)　$3 \times 3$ 行列 $A$ と $3 \times 1$ 行列 $B$ が与えられているとき，$PAX = PB$ を満たす行列 $X$ は，また $AX = B$ も満たすことを示せ．

(4)　$x, y, z$ を未知数とする連立1次方程式

$$\begin{cases} 3x - 2y + \phantom{4}z = a \\ -3x + 4y - 5z = b \\ 6x - 5y + 4z = c \end{cases}$$

の係数が作る行列を $A$ として，この方程式を $AX = B$ で表すとき，この両辺に左から $P$ をかけた連立1次方程式を書け．

(5)　上と同様の操作を繰り返すことにより，(4) で与えた連立1次方程式が解を持つための条件を求め，解があるときはその解をすべて求めよ．　(2000 九州大 理系)

▽▼▽　**略解**　▽▼▽

(1)　題意より $P = \begin{pmatrix} 1 & 0 & 0 \\ 0 & 1 & 0 \\ -2 & 0 & 1 \end{pmatrix}$ となる．掃き出し法で逆行列を求めると，

$$\left(\begin{array}{ccc|ccc} 1 & 0 & 0 & 1 & 0 & 0 \\ 0 & 1 & 0 & 0 & 1 & 0 \\ -2 & 0 & 1 & 0 & 0 & 1 \end{array}\right) \Rightarrow \left(\begin{array}{ccc|ccc} 1 & 0 & 0 & 1 & 0 & 0 \\ 0 & 1 & 0 & 0 & 1 & 0 \\ 0 & 0 & 1 & 2 & 0 & 1 \end{array}\right) \text{により，} Q = \begin{pmatrix} 1 & 0 & 0 \\ 0 & 1 & 0 \\ 2 & 0 & 1 \end{pmatrix}.$$

(2)　$S = PR = \begin{pmatrix} a_1 & a_2 & a_3 & a_4 \\ b_1 & b_2 & b_3 & b_4 \\ c_1 - 2a_1 & c_2 - 2a_2 & c_3 - 2a_3 & c_4 - 2a_4 \end{pmatrix}.$

(3)　$PAX = PB$ の両辺に左から $Q$ を掛けると $AX = B$.

(4)　第1式の2倍を第3式から引いて

$$\begin{cases} 3x - 2y + \ \ z = a \\ -3x + 4y - 5z = b \\ \qquad -y + 2z = c - 2a \end{cases}$$

(5)　係数の行列と定数項の行列をまとめて基本変形を行う．

$$\left(\begin{array}{ccc|c} 3 & -2 & 1 & a \\ -3 & 4 & -5 & b \\ 6 & -5 & 4 & c \end{array}\right) \Rightarrow \left(\begin{array}{ccc|c} 3 & -2 & 1 & a \\ -3 & 4 & -5 & b \\ 0 & -1 & 2 & -2a+c \end{array}\right)$$

$$\Rightarrow \left(\begin{array}{ccc|c} 3 & -2 & 1 & a \\ 0 & 2 & -4 & a+b \\ 0 & -1 & 2 & -2a+c \end{array}\right) \Rightarrow \left(\begin{array}{ccc|c} 3 & 0 & -3 & 2a+b \\ 0 & 2 & -4 & a+b \\ 0 & -1 & 2 & -2a+c \end{array}\right)$$

$$\Rightarrow \left(\begin{array}{ccc|c} 3 & 0 & -3 & 2a+b \\ 0 & 0 & 0 & -3a+b+2c \\ 0 & -1 & 2 & -2a+c \end{array}\right)$$

よって，解を持つための条件は $-3a + b + 2c = 0$.

このとき，$\begin{cases} 3x - 3z = 2a + b = 2a + (3a - 2c) \\ -y + 2z = -2a + c \end{cases}$ なので，$t = z$ とおくと，

$(x, y, z) = \left(\dfrac{5a - 2c}{3} + t,\ 2a - c + 2t,\ t\right)$（$t$ は任意の実数）.

……………………………………………………………………………………………

変数の数が $n$ 個で，式の数が $m$ 個である連立1次方程式を $A\boldsymbol{x} = \boldsymbol{c}$ という形で表す場合，係数行列 $A$ は $(m, n)$ 型行列となります．例題6-1(5) のように $\boldsymbol{c}$ を $A$ の右側に付加した $(m, n+1)$ 型行列を $\widetilde{A}$ とすると，この $\widetilde{A}$ のことを**拡大係数行列**と呼びます．拡大係数行列は，左基本変形と，右端の列以外の列の入れ替え（変数の順番の入れ替えに相当）のみを繰り返し行うことで，必ず次のような形に変形することができます．

$$\begin{array}{c} \\ 1 \\ 2 \\ \vdots \\ r \\ r{+}1 \\ \vdots \\ m \end{array}
\begin{array}{c} \begin{array}{cccccccc} 1 & 2 & \cdots & r & r{+}1 & \cdots & n & n{+}1 \end{array} \\
\begin{pmatrix} 1 & 0 & \cdots & 0 & p_{(1,r+1)} & \cdots & p_{(1,n)} & q_1 \\ 0 & 1 & \cdots & 0 & p_{(2,r+1)} & \cdots & p_{(2,n)} & q_2 \\ \vdots & \vdots & \ddots & \vdots & \vdots & & \vdots & \vdots \\ 0 & 0 & \cdots & 1 & p_{(r,r+1)} & \cdots & p_{(r,n)} & q_r \\ 0 & 0 & \cdots & 0 & 0 & \cdots & 0 & q_{r+1} \\ \vdots & \vdots & & \vdots & \vdots & & \vdots & \vdots \\ 0 & 0 & \cdots & 0 & 0 & \cdots & 0 & q_m \end{pmatrix} \end{array}$$

この形式において，$q_{r+1}\cdots q_m$ のうち 1 つでも 0 でないものが存在する場合は，この連立 1 次方程式は解を持ちません．一方，$q_{r+1}\cdots q_m$ が存在しないか全て 0 の場合，$r<n$ なら不定解を持ち，$r=n$ の場合のみ唯一解を持つことになります．例題 6-1 の場合は，拡大係数行列が最終的に

$$\begin{pmatrix} 1 & 0 & -1 & \dfrac{2a+b}{3} \\ 0 & 1 & -2 & 2a-c \\ 0 & 0 & 0 & -3a+b+2c \end{pmatrix}$$

という形に変形されるので，$-3a+b+2c\neq 0$ のときは解がなく，$-3a+b+2c=0$ のとき不定解を持つことがわかるのです．

拡大係数行列の変形では，行に関する左基本変形のみを用いましたが，列に関する**右基本変形**というものもあり，これは，基本行列を右から掛けることに相当します．一般に，任意の $(m,n)$ 型行列 $A$ は，左基本変形と右基本変形を繰り返し行うことで，次のような標準形に変形できます．

$$\begin{pmatrix} E_{(r)} & O_{(r,n-r)} \\ O_{(m-r,r)} & O_{(m-r,n-r)} \end{pmatrix} \tag{6.4}$$

ここで，$E_{(r)}$ は $r$ 次の単位行列，$O_{(i,j)}$ は，(i,j) 型の零行列を表します．このときの $r$（左上から並ぶ 1 の個数）のことを，行列 $A$ の**階数**と呼び，rank$A$ と表します．前出の拡大係数行列を変形した最終形において左上に出現する正方行列の次数 $r$ は，係数行列 $A$ の階数 rank$A$ と一致します．

また，rank$A$ は，$A$ の $m$ 個の行ベクトルのうち 1 次独立なものの最大個数であり，なおかつ，$n$ 個の列ベクトルのうち 1 次独立なものの最大個数でもあります．そして，そのことは，$n$ 次列ベクトルに $A$ を左から掛けることで得られる，$n$ 次ベクトル空間から $m$ 次ベクトル空間の中への写像による，像空間の次元数が rank$A$ であることを意味します．

再び例題 6-1 に戻ると，係数行列の階数が 2 であることから，変数ベクトル $X$ の $A$ による像 $B$ が，$A$ によって空間全体が移される平面上にない場合は連立 1 次方程式の解はなく，その平面上にある場合には，$A$ による 1 次変換が次数を 1 つ下げることから，解集合は 1 点ではなく直線となると考えられるのです．

## 6.2 行列の $n$ 乗とケイリー・ハミルトンの定理

マルコフ連鎖における確率分布の変化のように，状態の遷移の仕方を行列で表すという手法は，あらゆる分野のシミュレーションで用いられます．その際，時系列変化や，一定時間後の定常状態を把握するために，作用素としての行列を繰り返し乗じた結果である行列の $n$ 乗やその極限を計算することは重要な意味を持ちます．大学入試でも扱うのは高々3次行列までですが，様々な工夫をこらして行列の $n$ 乗を計算させる問題が繰り返し出題されています．

行列の $n$ 乗を計算する方法としてまず思いつくのは，とにかくべき乗数を下げていくということです．2次の正方行列でよく用いられるのは，式(6.5)の**ケイリー・ハミルトンの定理**を用いる方法です．

$$A = \begin{pmatrix} a & b \\ c & d \end{pmatrix} \text{のとき}$$

$$\Phi_A(A) = A^2 - (a+d)A + (ad-bc)E = O \tag{6.5}$$

この $\Phi_A(A)$ が零行列であることから，

$$A^n = \Phi_A(A)f(A) + p(n)A + q(n)E \tag{6.6}$$

の形に持ち込むために，$\Phi_A(x) = 0$ の解（$A$ の**特性根**または**固有値**と呼ぶ）を用いて

$$x^n = \Phi_A(x)f(x) + p(n)x + q(n) \tag{6.7}$$

における $p(n), q(n)$ を求めるというのは，定番の手法となっていますが，ここで出現する $A$ の**特性多項式** $\Phi_A(x)$ は，一般には次のように表されます．

$$\Phi_A(x) = \det(xE - A) \tag{6.8}$$

ケイリー・ハミルトンの定理は，高校レベルでは2次行列の場合のみ知られていますが，この特性多項式に $A$ 自身を代入したら零行列になるというのが本来の形であり，3次以上の多項式であっても，同様の手法は成立し得ます．例題6-2では，$B$ の特性多項式が $\Phi_B(x) = (x-1)^3$ であることから，$(B-E)^3 = C^3 = O$

となることを利用しています．なお例題6-2の(1)は，対角成分に0が現れない上三角行列全体が群をなすことや，その中でも対角成分が全て1のものを集めると部分群をなすこと等を知っていれば，労力を減らすことができます．

**例題 6-2** 実数 $a, b, c$ に対して，3次の正方行列 $A$ を次のように定義する．

$$A = \begin{pmatrix} 1 & -a & ac-b \\ 0 & 1 & -c \\ 0 & 0 & 1 \end{pmatrix}$$

さらに，行列 $A$ の逆行列を $B$，3次の単位行列を $E$ とする．

(1) 行列 $B$ を求めよ．

(2) $B = E + C$ とするとき，$C^2, C^3$ を求めよ．

(3) $B^n$ を求めよ．ただし，$n$ は正の整数とする．

(1998 香川医科大)

▽▼▽ **略解** ▽▼▽

(1) (掃き出し法等で)

$$B = A^{-1} = \begin{pmatrix} 1 & a & b \\ 0 & 1 & c \\ 0 & 0 & 1 \end{pmatrix}.$$

(2) $C = B - E = \begin{pmatrix} 0 & a & b \\ 0 & 0 & c \\ 0 & 0 & 0 \end{pmatrix}$.

$$C^2 = \begin{pmatrix} 0 & a & b \\ 0 & 0 & c \\ 0 & 0 & 0 \end{pmatrix}\begin{pmatrix} 0 & a & b \\ 0 & 0 & c \\ 0 & 0 & 0 \end{pmatrix} = \begin{pmatrix} 0 & 0 & ac \\ 0 & 0 & 0 \\ 0 & 0 & 0 \end{pmatrix}.$$

$$C^3 = \begin{pmatrix} 0 & a & b \\ 0 & 0 & c \\ 0 & 0 & 0 \end{pmatrix}\begin{pmatrix} 0 & 0 & ac \\ 0 & 0 & 0 \\ 0 & 0 & 0 \end{pmatrix} = \begin{pmatrix} 0 & 0 & 0 \\ 0 & 0 & 0 \\ 0 & 0 & 0 \end{pmatrix}.$$

(3) 二項展開すると，

$$\begin{aligned} B^n &= (E+C)^n \\ &= E + {}_n\mathrm{C}_1 C + {}_n\mathrm{C}_2 C^2 + {}_n\mathrm{C}_3 C^3 + \cdots + {}_n\mathrm{C}_n C^n \\ &= E + nC + \frac{n(n-1)}{2} C^2 \end{aligned}$$

$$= \begin{pmatrix} 1 & na & nb + \dfrac{n(n-1)}{2}ac \\ 0 & 1 & nc \\ 0 & 0 & 1 \end{pmatrix}.$$

## 6.3　漸化式の行列と行列の漸化式

行列の $n$ 乗を計算することは，見方を変えると連立漸化式によって与えられる数列の一般形を求めているのと同義となります．たとえば，

$$A = \begin{pmatrix} a & b \\ c & d \end{pmatrix} \text{ に対して } A^n = \begin{pmatrix} a_n & b_n \\ c_n & d_n \end{pmatrix}$$

となる場合，$\{p_n\}$, $\{q_n\}$ についての連立漸化式

$$\begin{cases} p_{n+1} = ap_n + bq_n \\ q_{n+1} = cp_n + dq_n \end{cases}$$

を解いた結果が，$p_0$, $q_0$ を用いて

$$\begin{cases} p_n = a_n p_0 + b_n q_0 \\ q_n = c_n p_0 + d_n q_0 \end{cases}$$

と表されることを意味します．

また，その $A$ において $c = 1$, $d = 0$ とすると，$q_n$ は1世代前の $p_n$ と等しいことになり，行列 $A$ は

$$p_{n+1} = ap_n + bp_{n-1}$$

という3項間漸化式を表すことになります．

次の問題では，**フィボナッチ数列**の3項間漸化式を行列で表し，行列の性質を用いてフィボナッチ数列のいくつかの性質を導いています．

**例題 6-3** 行列 $A = \begin{pmatrix} 1 & 1 \\ 1 & 0 \end{pmatrix}$ に対して,

$A^n = \begin{pmatrix} a_n & b_n \\ c_n & d_n \end{pmatrix}$ $(n = 1, 2, 3, \cdots)$ とおく.

ただし, $A^n$ は行列 $A$ の $n$ 個の積である.

(1) 等式 $A^{n+1} = AA^n = A^nA$ を用いて, $b_n = c_n$ であることを示せ. さらに, $n \geqq 2$ のとき, $a_{n-1} = b_n = d_{n+1}$ および $a_{n+1} = a_n + a_{n-1}$ が成り立つことを示せ.

(2) 等式 $A^{2k+1} = A^kA^{k+1}$ $(k = 1, 2, 3, \cdots)$ を用いて, $a_k$ は $a_{2k+1}$ の約数であることを示せ.

(3) 一般に $a_k$ は $a_{k+l(k+1)}$ $(l = 1, 2, 3, \cdots)$ の約数であることを示せ.

(4) $n > 3$ とする. $a_n$ が素数ならば, $n + 1$ は素数であることを示せ.

(1999 金沢大 後期 理・数)

▽▼▽ **略解** ▽▼▽

(1) $A^{n+1} = \begin{pmatrix} a_{n+1} & b_{n+1} \\ c_{n+1} & d_{n+1} \end{pmatrix}$, $AA^n = \begin{pmatrix} a_n + c_n & b_n + d_n \\ a_n & b_n \end{pmatrix}$,

$A^nA = \begin{pmatrix} a_n + b_n & a_n \\ c_n + d_n & c_n \end{pmatrix}$ について成分を比較して, $b_n = c_n$, $d_{n+1} = b_n$, $a_{n+1} = a_n + b_n$. また, $b_{n+1} = a_n$ より, $n \geqq 2$ なら $b_n = a_{n-1}$.

(2) $\begin{pmatrix} a_{2k+1} & b_{2k+1} \\ c_{2k+1} & d_{2k+1} \end{pmatrix} = \begin{pmatrix} a_k & b_k \\ c_k & d_k \end{pmatrix} \begin{pmatrix} a_{k+1} & b_{k+1} \\ c_{k+1} & d_{k+1} \end{pmatrix}$ より,

$a_{2k+1} = a_ka_{k+1} + b_kc_{k+1} = a_ka_{k+1} + b_ka_k = a_k(a_{k+1} + b_k)$.

ここで, $a_1 = 1$, $a_2 = 2$, $a_{n+1} = a_n + a_{n-1}$ より, $a_n$ は常に自然数, $b_1 = 1$, $b_{n+1} = a_n$ より, $b_n$ も常に自然数なので, 題意成立.

(3) 数学的帰納法. $l = m$ で成立するとき, $a_{k+m(k+1)} = pa_k$ とおき, $A^{k+(m+1)(k+1)} = A^{k+m(k+1)}A^{k+1}$ の $(1, 1)$ 成分を比較すると, $a_{k+(m+1)(k+1)} = a_{k+m(k+1)}a_{k+1} + b_{k+m(k+1)}c_{k+1} = a_k(pa_{k+1} + b_{k+m(k+1)})$ となり, $l = m + 1$ でも成立.

(4) 対偶を示す. $n > 3$ で $n + 1$ が素数でないとすると, $n \geqq 5$ であり, $n + 1 = pq$, $2 \leqq p \leqq q$ となる整数 $p, q$ が存在し, そのとき $q \geqq 3$. $n = pq - 1 = q - 1 + (p - 1)q$ なので, (3) より $a_n$ は $a_{q-1}$ の倍数であり, また, $\{a_n\}$ は単調増加で $n > q - 1 \geqq 2$ なので $a_n > a_{q-1} \geqq a_2 = 2$. よって $a_n$ は素数ではない.

例題6-3では漸化式を行列で表しましたが，行列自体の漸化式を考えることもできます．2次正方行列 $A$ の $n$ 乗を求める際に，ケイリー・ハミルトンの定理から行列の列 $\{A^n\}$ についての漸化式を構成する手法を，一般化した形で以下示します．

$A$ が異なる2つの固有値 $\alpha, \beta$ を持つとすると，ケイリー・ハミルトンの定理は

$$(A-\alpha E)(A-\beta E)=O \tag{6.9}$$

と書けます．これを変形すると

$$A(A-\beta E)=\alpha(A-\beta E) \tag{6.10}$$

となり，ここから

$$A^{n-1}(A-\beta E)=\alpha^{n-1}(A-\beta E) \tag{6.11}$$

$$A^n-\beta A^{n-1}=\alpha^{n-1}(A-\beta E) \tag{6.12}$$

として，$A^n$ についての2項間漸化式が得られます．ここで，$B=\dfrac{A}{\beta}$，$\gamma=\dfrac{\alpha}{\beta}$ とおいて整理すると

$$B^n-B^{n-1}=\gamma^{n-1}(B-E) \tag{6.13}$$

$$\begin{aligned} B^n &= E+\sum_{k=1}^{n}\gamma^{k-1}(B-E) \\ &= E+\frac{\gamma^n-1}{\gamma-1}(B-E) \end{aligned} \tag{6.14}$$

$$A^n=\frac{\alpha^n}{\alpha-\beta}(A-\beta E)+\frac{\beta^n}{\beta-\alpha}(A-\alpha E) \tag{6.15}$$

として，$A^n$ を求めることができます．例題6-4にその実例を示します．

**例題 6-4** $A = \begin{pmatrix} -2 & 3 \\ -4 & 5 \end{pmatrix}$, $E = \begin{pmatrix} 1 & 0 \\ 0 & 1 \end{pmatrix}$ とする.

(1) $A^2 - 3A$ を計算せよ.

(2) $n = 2, 3, \cdots$ に対し

$$A^n - A^{n-1} = 2^{n-1}(A - E)$$

が成立することを証明せよ.

(3) $n = 2, 3, \cdots$ に対し $A^n$ を求めよ. (1986 大同工業大)

▽▼▽ **略解** ▽▼▽

(1) ケイリー・ハミルトンの定理より

$A^2 - 3A + 2E = O$, $A^2 - 3A = -2E = \begin{pmatrix} -2 & 0 \\ 0 & -2 \end{pmatrix}$.

(2) $A(A - E) = 2(A - E)$ を利用して, 数学的帰納法.

(3) $A(A - 2E) = A - 2E$ より $A^n - 2A^{n-1} = A - 2E$.

これと (2) の結果から

$$A^n = 2^n(A - E) - (A - 2E) = \begin{pmatrix} -3 \cdot 2^n + 4 & 3 \cdot 2^n - 3 \\ -4 \cdot 2^n + 4 & 4 \cdot 2^n - 3 \end{pmatrix}$$

## 6.4 スペクトル分解

前節の漸化式を用いた $A^n$ の計算において, $P_1 = \dfrac{A - \beta E}{\alpha - \beta}$, $P_2 = \dfrac{A - \alpha E}{\beta - \alpha}$ とおくと, (6.15) 式は次のようになります.

$$A^n = \alpha^n P_1 + \beta^n P_2 \tag{6.16}$$

$$n = 1 \text{ とすると} \quad A = \alpha P_1 + \beta P_2 \tag{6.17}$$

ここで, $A$ の固有値 $\alpha, \beta$ に対応する固有ベクトルを $\boldsymbol{v}_1, \boldsymbol{v}_2$ とすると, $P_1$ による 1 次変換は $\boldsymbol{v}_1$ を変化させず, 平面全体を $\boldsymbol{v}_1$ を方向ベクトルとする直線上に移します. ($P_2$ と $\boldsymbol{v}_2$ の関係も同様です.) したがって, 自然数 $n$ に対し ${P_1}^n = P_1$, ${P_2}^n = P_2$ が成立します. さらに, $P_1P_2 = P_2P_1 = O$ が成立するため, 結果的に (6.16) 式が成立することになります.

特に，$A$ が正規行列（ここでは2次行列なので対称行列）となる場合は，$\boldsymbol{v}_1$ と $\boldsymbol{v}_2$ が直交するので，$P_1, P_2$ は $\boldsymbol{v}_1, \boldsymbol{v}_2$ それぞれを方向ベクトルとする直線への正射影を表し，これを**射影子**と呼びます．またその場合の (6.17) 式に示す $A$ の射影子への分解のことを**スペクトル分解**といいます．

$A$ が正規行列でなくても，適当な座標変換を想定すれば，(6.17) 式の分解はスペクトル分解と同等のものとみなせます．例題6-5 の $C$ も正規行列ではありませんが，この (6.16) 式の形で $C^n$ を計算させています．

**例題 6-5**　行列 $A = \begin{pmatrix} a & 1-a \\ a & 1-a \end{pmatrix}$，$B = \begin{pmatrix} b & -b \\ b-1 & 1-b \end{pmatrix}$，
$C = \begin{pmatrix} 2 & 2 \\ 1 & 3 \end{pmatrix}$ について，次の問いに答えよ．

(1)　$A^2$，$B^2$ および $BA$ を計算せよ．

(2)　$C = tA + B$ でかつ $AB = O$ となるような $t$，$a$，$b$ の値を求めよ．ただし，$O$ は零行列を表す．

(3)　$n$ が正の整数のとき，$C^n$ を求めよ．　　　　(1991 法政大 工)

▽▼▽　**略解**　▽▼▽

(1)　成分計算をすると，$A^2 = A$，$B^2 = B$，$BA = O$ となる．

(2)　2つの式の成分比較により，$ta + b = 2$，$t(1-a) - b = 2$，$a + b - 1 = 0$ となり，$t = 4$，$a = \dfrac{1}{3}$，$b = \dfrac{2}{3}$．

(3)　(2) を満たす $A$，$B$ を用いると，$A^n = A$，$B^n = B$，$AB = BA = O$ より，

$$C^n = (4A + B)^n = 4^n A + B = \frac{1}{3}\begin{pmatrix} 4^n + 2 & 2 \cdot 4^n - 2 \\ 4^n - 1 & 2 \cdot 4^n + 1 \end{pmatrix}$$

# 1次変換と固有値問題

## ～平面を引き伸ばす/ずらす/回転する～

行列の固有値・固有ベクトルという用語は，高校の教科書では扱われませんが，大学受験対策の世界では，行列の固有値に関連した問題群は**固有値問題**として1つのカテゴリーを形成しており，固有値や固有ベクトルの知識も半ば常識として扱われています．それはしかし，固有値が行列を考える上であまりにも基本的な性質であるため，行列を取り扱う問題の中には自然に固有値が出現するということであり，受験の世界に限った頻出の要素というわけではありません．今回は，そんな固有値・固有ベクトルを軸に，行列で表される1次変換の図形的な意味について見ていきます．

## 7.1　固有値と固有ベクトルの意味



$n$ 次正方行列 $A$ で表される**1次変換**により，零ベクトルでない $n$ 次列ベクトル $\boldsymbol{x}$ の方向が変わらないとき，$\boldsymbol{x}$ を $A$ の**固有ベクトル**と呼び，

$$A\boldsymbol{x} = \alpha\boldsymbol{x} \quad (\alpha \text{は実数}) \tag{7.1}$$

と表したときの $\alpha$ を $A$ の**固有値**といいます．このとき，$\boldsymbol{x}$ のことを $A$ の固有値 $\alpha$ に対する固有ベクトルという言い方をします．$\boldsymbol{x}$ の0以外の実数倍も当然 $\alpha$ に対する固有ベクトルとなります．

ここで(7.1)式を変形すると，

$$(\alpha E - A)\boldsymbol{x} = \boldsymbol{o} \tag{7.2}$$

となりますが，この(7.2)式を成立させる $\boldsymbol{x}(\neq \boldsymbol{o})$ が存在することは，$\alpha E - A$ が**零因子**となること，すなわち，$\alpha E - A$ が正則でないことと同値となります．

したがって，固有値 $\alpha$ は，特性多項式 $\Phi_A(x)=\det(xE-A)$ を用いた次の方程式（**特性方程式**）の解となります．

$$\Phi_A(x)=0 \tag{7.3}$$

なお，ここでは実線形空間について考えるものとし，特性多項式が実数解を持つ場合のみそれを $A$ の固有値と呼ぶものとしますが，(実線形空間のみを考える場合でも）特性多項式の解（特性根）を虚根の場合も含めて固有値とみなす立場もあります．

以下，大学入試で主に取り扱う $A$ が2次正方行列の場合について考えます．$A=\begin{pmatrix} a & b \\ c & d \end{pmatrix}$ とすると，特性方程式は，

$$x^2-(a+d)x+ad-bc=0 \tag{7.4}$$

となります．これが2つの異なる実数解（=固有値）$\alpha,\beta$ を持つ場合，$\alpha,\beta$ に対する固有ベクトルをそれぞれ $\boldsymbol{b}_1,\boldsymbol{b}_2$ として，$A$ による1次変換の図形的な意味を考えると図7.1のようになります．この1次変換は，$\boldsymbol{b}_1,\boldsymbol{b}_2$ が作る平行四辺形 OPQR を，$\alpha\boldsymbol{b}_1,\beta\boldsymbol{b}_2$ が作る平行四辺形 OP′Q′R′ に移します．

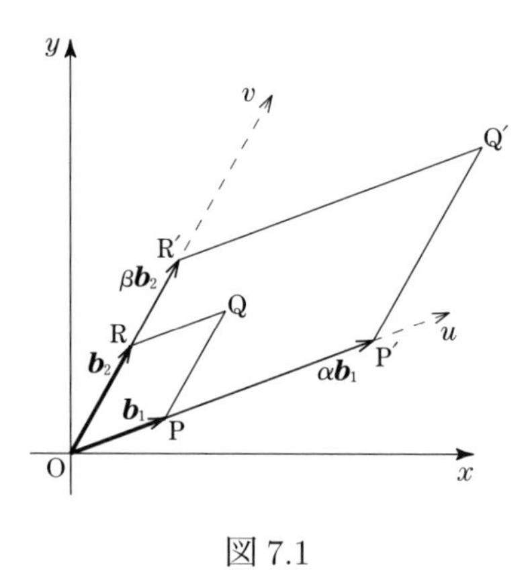


図7.1

以上を踏まえ，次の例題について考えてみます．

**例題 7-1**　座標平面上の点 $(x, y)$ を $(3x+y, -2x)$ へ移す移動 $f$ を考え，点 P が移る行き先を $f(\mathrm{P})$ と表す．$f$ を用いて直線 $l_0$, $l_1$, $l_2$, $\cdots$ を以下のように定める．

・$l_0$ は直線 $3x+2y=1$ である．

・点 P が $l_n$ 上を動くとき，$f(\mathrm{P})$ が描く直線を $l_{n+1}$ とする $(n=0, 1, 2, \cdots)$．

以下 $l_n$ を 1 次式を用いて $a_n x + b_n y = 1$ と表す．

(1)　$a_{n+1}, b_{n+1}$ を $a_n, b_n$ で表せ．

(2)　不等式 $a_n x + b_n y > 1$ が定める領域を $D_n$ とする．$D_0$, $D_1$, $D_2$, $\cdots$ すべてに含まれるような点の範囲を図示せよ．　(2008 東京大 理系)

▽▼▽　**略解**　▽▼▽

(1)　$l_n$ 上の動点を P とし，P と $f(\mathrm{P})$ の位置ベクトルを $\boldsymbol{p}, \boldsymbol{q}$ とすると，
行列 $A = \begin{pmatrix} 3 & 1 \\ -2 & 0 \end{pmatrix}$ を用いて，$\boldsymbol{q} = A\boldsymbol{p}$，$\boldsymbol{p} = A^{-1}\boldsymbol{q}$．
$\boldsymbol{c}_n = (\, a_n \quad b_n \,)$，$\boldsymbol{c}_{n+1} = (\, a_{n+1} \quad b_{n+1} \,)$ とすると，動点 P が直線 $l_n$ 上を動くので $\boldsymbol{c}_n \boldsymbol{p} = 1$，$\boldsymbol{c}_n A^{-1} \boldsymbol{q} = 1$．
$f(\mathrm{P})$ は直線 $l_{n+1}$ 上を動くのでこの式は $\boldsymbol{c}_{n+1}\boldsymbol{q} = 1$ と一致し，$\boldsymbol{c}_{n+1} = \boldsymbol{c}_n A^{-1}$ となるので，$\begin{cases} a_{n+1} = b_n \\ b_{n+1} = -\dfrac{1}{2}a_n + \dfrac{3}{2}b_n \end{cases}$

(2)　$B = \begin{pmatrix} 0 & 1 \\ -\dfrac{1}{2} & \dfrac{3}{2} \end{pmatrix}$ とおき，$\begin{pmatrix} a_n \\ b_n \end{pmatrix} = B^n \begin{pmatrix} 3 \\ 2 \end{pmatrix}$．
ケイリー・ハミルトンの定理より，$B^2 - \dfrac{3}{2}B + \dfrac{1}{2}E = O$．
ここで，$g(x) = x^2 - \dfrac{3}{2}x + \dfrac{1}{2}$，$x^n = g(x)h(x) + rx + s$ とおくと，$g(x) = 0$ の 2 解 $x = 1$，$\dfrac{1}{2}$ を用いて，$\begin{cases} 1 = r + s \\ \left(\dfrac{1}{2}\right)^n = \dfrac{1}{2}r + s \end{cases}$ より $\begin{cases} r = 2 - \left(\dfrac{1}{2}\right)^{n-1} \\ s = -1 + \left(\dfrac{1}{2}\right)^{n-1} \end{cases}$ となる．
この $r, s$ を用いて，$B^n = rB + sE$，$\begin{pmatrix} a_n \\ b_n \end{pmatrix} = (rB + sE)\begin{pmatrix} 3 \\ 2 \end{pmatrix} = \begin{pmatrix} 1 + \left(\dfrac{1}{2}\right)^{n-1} \\ 1 + \left(\dfrac{1}{2}\right)^{n} \end{pmatrix}$．
$l_n$ は $a_n x + b_n y = 1$ なので，整理すると $2^n(x+y-1) + 2x + y = 0$ となるが，これは必ず $x + y - 1 = 0$ と $2x + y = 0$ の交点 $(-1, 2)$ を通る．
$l_n$ の傾き $t_n$ は，$t_n = -\dfrac{a_n}{b_n} = -1 - \dfrac{1}{2^n + 1}$ となるので，$t_n$ は単調増加で，

$t_0 = -\dfrac{3}{2}$，$\displaystyle\lim_{n\to\infty} t_n = -1$．よって，求める領域は下図の網掛部で，実線の境界を含み，点線の境界と白丸は含まない．

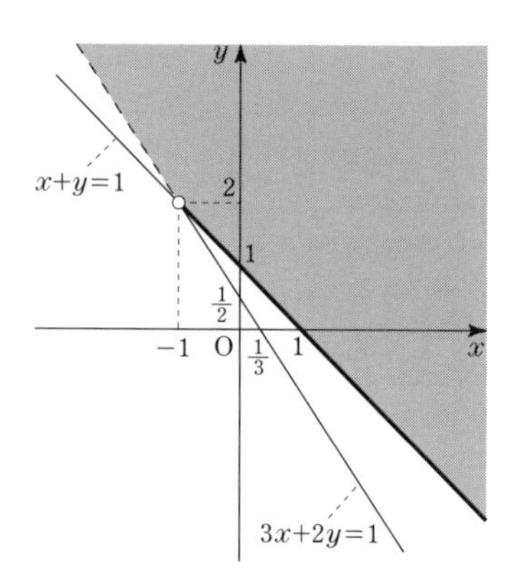


例題 7-1 では，行列 $A = \begin{pmatrix} 3 & 1 \\ -2 & 0 \end{pmatrix}$ による 1 次変換で $l_n$ が変化していく様子を，誘導に従い $l_n$ の式の係数についての漸化式を解くことで把握しましたが，固有値・固有ベクトルを用いて $A$ による 1 次変換自体の性質から理解することもできます．

$A$ の特性方程式 $x^2-3x+2=0$ より，固有値は 2 と 1 であり，固有値 2 に対する固有ベクトルは $\boldsymbol{b}_1 = \begin{pmatrix} 1 \\ -1 \end{pmatrix}$，固有値 1 に対する固有ベクトルは $\boldsymbol{b}_2 = \begin{pmatrix} -1 \\ 2 \end{pmatrix}$ となります．

ここで，$l_0$ 上の点のうち，位置ベクトルが $\boldsymbol{b}_1$ の実数倍となるものを $\mathrm{Q}_0$，$\boldsymbol{b}_2$ の実数倍となるものを $\mathrm{R}_0$ とおき，$\mathrm{Q}_{n+1} = f(\mathrm{Q}_n)$，$\mathrm{R}_{n+1} = f(\mathrm{R}_n)$ として点列 $\{\mathrm{Q}_n\}, \{\mathrm{R}_n\}$ を定めます．すると，$\overrightarrow{\mathrm{OQ}_0}$ が $A$ の固有値 2 に対する固有ベクトルなので，$\overrightarrow{\mathrm{OQ}_{n+1}} = A^n\overrightarrow{\mathrm{OQ}_0} = 2^n\overrightarrow{\mathrm{OQ}_0}$ が成立し，$\mathrm{Q}_n$ は $n$ が大きくなるにつれ，$y=-x$ 上を原点からどこまでも遠ざかっていきます．一方，$\overrightarrow{\mathrm{OR}_0}$ は $A$ の固有値 1 に対する固有ベクトルなので，$\mathrm{R}_0$ は $f$ における不動点となり，$\overrightarrow{\mathrm{OR}_n} = A^n\overrightarrow{\mathrm{OR}_0} = \overrightarrow{\mathrm{OR}_0}$ が成立します．

$l_n$ は，$\mathrm{Q}_n$ と $\mathrm{R}_n$ を通る直線であり，$\mathrm{R}_n$ は常に $(-1,2)$ なので，$l_n$ は定点 $(-1,2)$ を通り，$n\to\infty$ で $\mathrm{Q}_n$ が $y=-x$ 上をどこまでも遠ざかっていくため，

$l_n$ の傾きは $y=-x$ の傾きに近づいていくのです（図 7.2）.

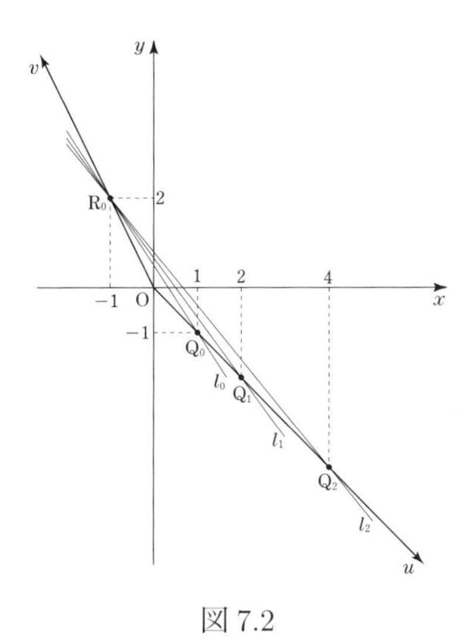


図 7.2

## 7.2　対角化による行列の $n$ 乗の計算

一般に，正方行列において対角成分以外全て 0 であるものを**対角行列**といいます．対角行列では，各対角成分はいずれも固有値であり，単位行列の列ベクトルとなる単位ベクトルがその固有値に対する固有ベクトルとなります．ある 2 次の対角行列 $B$ は，$B=\begin{pmatrix}\alpha & 0\\ 0 & \beta\end{pmatrix}$ の形で表され，このとき $B$ の固有値 $\alpha,\beta$ に対する固有ベクトルはそれぞれ $\boldsymbol{e}_1=\begin{pmatrix}1\\0\end{pmatrix}$，$\boldsymbol{e}_2=\begin{pmatrix}0\\1\end{pmatrix}$ となります．(ただし，$\alpha=\beta$ の場合に限り，$\boldsymbol{o}$ 以外の全てのベクトルが固有値 $\alpha$ に対する固有ベクトルとなります.)

対角行列 $B$ による 1 次変換は，$x$ 軸方向に $\alpha$ 倍，$y$ 軸方向に $\beta$ 倍に拡大するものであり，図 7.3 の一辺の長さが 1 の正方形 OPQR を，$\alpha\times\beta$ の長方形 OP′Q′R′ に移します．(これは $\alpha,\beta$ がどちらも正の場合で，負なら，軸をはさんで逆側に長方形ができます.)

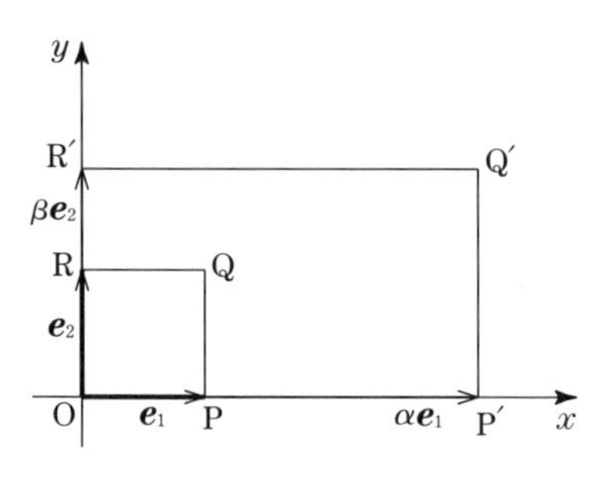


図 7.3

この図形的な解釈から，

$$B^n = \begin{pmatrix} \alpha & 0 \\ 0 & \beta \end{pmatrix}^n = \begin{pmatrix} \alpha^n & 0 \\ 0 & \beta^n \end{pmatrix} \tag{7.5}$$

となることは明らかです．

ここで，$x$ 軸，$y$ 軸に対する正射影を表す行列
$E_x = \begin{pmatrix} 1 & 0 \\ 0 & 0 \end{pmatrix}$ と $E_y = \begin{pmatrix} 0 & 0 \\ 0 & 1 \end{pmatrix}$ を用いると，

$$B = \alpha E_x + \beta E_y \tag{7.6}$$

と表されます．これが，対角行列 $B$ の**スペクトル分解**となります．$E_xE_y = E_yE_x = O$，${E_x}^2 = E_x$，${E_y}^2 = E_y$ であることからも，

$$B^n = \alpha^n E_x + \beta^n E_y = \begin{pmatrix} \alpha^n & 0 \\ 0 & \beta^n \end{pmatrix} \tag{7.7}$$

が言えます．

この対角行列の性質を踏まえて，２つの異なる固有値 $\alpha, \beta$ とそれに対する固有ベクトル $\boldsymbol{b}_1, \boldsymbol{b}_2$ を持つ行列 $A$ による１次変換の図形的意味（図 7.1）を振り返ると，全ての座標を $\boldsymbol{b}_1, \boldsymbol{b}_2$ を**基底**とする**斜交座標**で読み替えたならば，この１次変換は対角行列 $B$ による１次変換と見なせることがわかります．

$xy$ 座標系の点 $(x, y)$ が，$\boldsymbol{b}_1, \boldsymbol{b}_2$ を基底とする座標系では $(u, v)$ と表されるとき，行列 $P$ を $\boldsymbol{b}_1, \boldsymbol{b}_2$ を列ベクトルとして並べたもの，すなわち $P = (\,\boldsymbol{b}_1 \quad \boldsymbol{b}_2\,)$ とすると，

$$\begin{pmatrix} x \\ y \end{pmatrix} = u\boldsymbol{b}_1 + v\boldsymbol{b}_2 = P\begin{pmatrix} u \\ v \end{pmatrix} \tag{7.8}$$

となることから，$P$ は $uv$ 座標系から $xy$ 座標系への変換を表します．逆に，$P^{-1}$ による 1 次変換は $xy$ 座標系から $uv$ 座標系への変換となります．行列 $A$ による 1 次変換は，$xy$ 座標系から $uv$ 座標系に読み替えた上で，対角行列 $B$ による 1 次変換を行い，$uv$ 座標系から $xy$ 座標系に戻す変換と考えられるので，上記 $P$ を用いると，

$$A = PBP^{-1} \tag{7.9}$$

という関係が成立し，これを変形すると，

$$P^{-1}AP = B = \begin{pmatrix} \alpha & 0 \\ 0 & \beta \end{pmatrix} \tag{7.10}$$

という関係が得られます．このように，行列の右側からある正則行列を，左側からその逆行列を掛けて，対角行列にすることを**対角化**といいます．

(7.9) 式を用いて $A^2$ を計算すると，$P^{-1}$ と $P$ が相殺されて $A^2 = PBP^{-1}PBP^{-1} = PB^2P^{-1}$ となります．同様の操作を繰り返すと，$A^n$ は次のように求められます．

$$A^n = PB^nP^{-1} = P\begin{pmatrix} \alpha^n & 0 \\ 0 & \beta^n \end{pmatrix}P^{-1} \tag{7.11}$$

対角化を用いた (7.11) 式による行列の $n$ 乗計算は，大学入試においては定番中の定番となっています．例題 7-2 にその典型的な出題形式を示します．ここでは，(7.11) 式の $P$ に相当する行列は与えられており，対角行列の $n$ 乗を簡単な数学的帰納法で求めるだけの問題となっています．

**例題 7-2**　行列 $A = \begin{pmatrix} -1 & -3 \\ 4 & 6 \end{pmatrix}$，$U = \begin{pmatrix} 1 & 3 \\ -1 & -4 \end{pmatrix}$ に対して，以下の問いに答えなさい．

(1)　行列 $U$ の逆行列 $U^{-1}$ を求めなさい．

(2)　いま $B = U^{-1}AU$ とおくとき，自然数 $n$ に対して，行列 $B^n$ を求めなさい．

(3)　自然数 $n$ に対して，行列 $A^n$ を求めなさい．

(2007 首都大学東京 理系 後期)

……………………　▽▼▽　**略解**　▽▼▽　……………………

(1)　$U^{-1} = \begin{pmatrix} 4 & 3 \\ -1 & -1 \end{pmatrix}$

(2)　$B = \begin{pmatrix} 2 & 0 \\ 0 & 3 \end{pmatrix}$ より，$B^n = \begin{pmatrix} 2^n & 0 \\ 0 & 3^n \end{pmatrix}$ と予想し，これを数学的帰納法で証明.

(3)　$UBU^{-1} = A$ より，$A^n = UB^nU^{-1} = \begin{pmatrix} 2^{n+2} - 3^{n+1} & 3 \cdot 2^n - 3^{n+1} \\ -2^{n+2} + 4 \cdot 3^n & -3 \cdot 2^n + 4 \cdot 3^n \end{pmatrix}$

……………………………………………………………………

(7.6) 式に示す $B$ のスペクトル分解に相当する操作を $A$ について行うには，(7.9) 式と組み合わせて，

$$A = \alpha P E_x P^{-1} + \beta P E_y P^{-1} = \alpha E_u + \beta E_v \tag{7.12}$$

とします．$E_u \ (= PE_xP^{-1})$ と $E_v \ (= PE_yP^{-1})$ は，$uv$ 座標系における各座標軸成分の抽出を表し，$E_u + E_v = E$，$E_uE_v = E_vE_u = O$，${E_u}^2 = E_u$，${E_v}^2 = E_v$ が成立します．$A^n$ はこれを用いて，

$$A^n = \alpha^n E_u + \beta^n E_v \tag{7.13}$$

と表すこともできます．前回も触れたこの分解は，原理的には対角化を別の観点から見たものに過ぎません．

## 7.3　固有値が重根となる場合のずらし変換

前節までは，2次行列の特性方程式が2つの異なる実根を持つ場合について見てきましたが，重根を持つ場合はまた状況が異なります．その唯一の固有値に対する固有ベクトルが $\boldsymbol{o}$ 以外の全てのベクトルとなる場合と，固有ベクトルが1系統（ある1つのベクトルの実数倍）しかない場合が考えられますが，前者の場合はその行列は $\alpha E$ の形をしており，全方向への等倍の拡大（もしくは縮小）を表す単純な行列なので，以下，後者の場合について考えます．

まず，分かりやすい例として，2次行列 $B$ の唯一の固有値1に対する固有ベクトルが $\boldsymbol{e}_1 = \begin{pmatrix} 1 \\ 0 \end{pmatrix}$ とその実数倍だけである場合を考えます．そのとき，

$B = \begin{pmatrix} 1 & t \\ 0 & 1 \end{pmatrix}$（$t$ は 0 でない実数）と表されることは，固有値・固有ベクトルの定義から容易に確かめられます．この $B$ による 1 次変換は，図 7.4 の正方形 OPQR を，辺 OP を共有し面積の等しい平行四辺形 OPQ′R′ に移します．この変換のことをここでは $x$ 軸を固定した**ずらし変換**という呼び方をします．ずらし変換は，CG ソフトに親しんでいる人には**シアー変形**，物理畑の人には**せん断変形**と言った方がイメージをつかみやすいかもしれません．

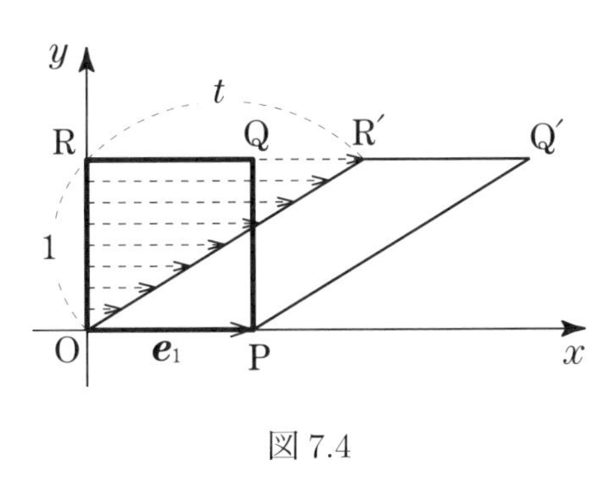


図 7.4

このずらし変形では，$x$ 軸に平行な直線 $y = y_0$ 上の点が同じ直線上を $x$ 軸方向に一律 $ty_0$ だけ移動します．$B$ による 1 次変換を繰り返し行っても $y = y_0$ は同じ直線に移るので，$B^n$ は $y = y_0$ 上の点に対し $x$ 軸方向 $nty_0$ の変位をもたらし，

$$B^n = \begin{pmatrix} 1 & t \\ 0 & 1 \end{pmatrix}^n = \begin{pmatrix} 1 & nt \\ 0 & 1 \end{pmatrix} \tag{7.14}$$

となります．これは，成分計算による数学的帰納法でも容易に確認できます．また，(7.14) 式は次のように変形できます．

$$B^n = nB + (1 - n)E \tag{7.15}$$

$B$ と同じく $\boldsymbol{e}_1$ を固有ベクトルとして持ち，固有値が $\alpha\ (\neq 0)$ のみとなる行列については，$\begin{pmatrix} \alpha & \alpha t \\ 0 & \alpha \end{pmatrix}$（$t$ は 0 でない実数）として一般化できるので，上記 $B$ に対して $\alpha B$ を考えればよいことになります．

以上の議論を踏まえ，一般に唯一の固有値 $\alpha\ (\neq 0)$ を持ち，その固有値に対する固有ベクトルがあるベクトルの実数倍のみである行列 $A$ について考えます．$A$ の1つの（$\boldsymbol{o}$ でない）固有ベクトルを $\boldsymbol{b}_1 = \begin{pmatrix} p \\ q \end{pmatrix}$ とし，$\boldsymbol{b}_1$ と直交し大きさの等しいベクトル $\boldsymbol{b}_2 = \begin{pmatrix} -q \\ p \end{pmatrix}$ をとって，$\boldsymbol{b}_1, \boldsymbol{b}_2$ を基底とする座標系を $uv$ 座標系とすると，$xy$ 座標系における $A$ による1次変換は，$uv$ 座標系では，固有値は同じく $\alpha$ のみで固有ベクトルが $u$ 軸方向を向いている一次変換とみなせます．そこで，$P = (\,\boldsymbol{b}_1 \quad \boldsymbol{b}_2\,) = \begin{pmatrix} p & -q \\ q & p \end{pmatrix}$ とおくと，$A$ は $B = \begin{pmatrix} 1 & t \\ 0 & 1 \end{pmatrix}$（$t$ は0でないある実数）を用いて

$$A = P(\alpha B)P^{-1} = \alpha PBP^{-1} \tag{7.16}$$

と表せます．これと (7.14) 式から，$A^n$ は

$$A^n = \alpha^n PB^nP^{-1} = \alpha^n P\begin{pmatrix} 1 & nt \\ 0 & 1 \end{pmatrix}P^{-1} \tag{7.17}$$

として求められますが，さらに，(7.15) 式を使うと

$$\begin{aligned} A^n &= \alpha^n P\{nB + (1-n)E\}P^{-1} \\ &= \alpha^n\{nPBP^{-1} + (1-n)PEP^{-1}\} \\ &= n\alpha^{n-1}A + (1-n)\alpha^n E \end{aligned} \tag{7.18}$$

となります．この式には固有値 $\alpha$ 以外には $A, E, n$ しか出現しません．つまり，固有値が重根となることがわかれば，固有ベクトルの向きやずらし変形の大きさ $t$ とは関係なく $A^n$ を計算できるのです．

(7.18) 式は，$C = A - \alpha E$ とおくとケイリー・ハミルトンの定理より $C^2 = O$ となることを用いて，$A^n = (C + \alpha E)^n$ の二項展開により求めることもできます．例題7-3では，$\alpha = 1$ の場合について，$n$ 乗の計算を一般化した形で行っています．

**例題 7-3**　行列 $A=\begin{pmatrix} a & b \\ c & d \end{pmatrix}$ が $a+d=2$, $ad-bc=1$ かつ $b\neq 0$ を満足しているとき,

$A^2=\boxed{\phantom{xx}}A+\boxed{\phantom{xx}}E$,　$A^n=\boxed{\phantom{xx}}A+\boxed{\phantom{xx}}E$,

$(A^{-1})^n=\boxed{\phantom{xx}}A+\boxed{\phantom{xx}}E$

が成立する．ただし，$n$ は自然数で $E$ は単位行列を表す．

(1987 慶応義塾大 医)

▽▼▽　**略解**　▽▼▽

ケイリー・ハミルトンの定理より，$A^2=2A-E$, $(A-E)^2=O$.
$B=A-E$ とおくと，$A=E+B$, $B^2=O$ より，$A^n=(E+B)^n$ を二項展開し，
$B$ の2乗以上の項を消すと，$A^n=E+nB=nA+(1-n)E$.
$A^2-2A+E=O$ に $A^{-1}$ を掛けて整理すると，$A^{-1}=2E-A=E-B$.
$(A^{-1})^n=(E-B)^n$ を二項展開し，$B$ の2乗以上の項を消すと，
$(A^{-1})^n=E-nB=-nA+(1+n)E$.

## 7.4　回転移動と対称移動

ここまで，固有値（＝実数の特性根）を持つ2次行列について見てきましたが，固有値を持たない行列で大学入試の1次変換の素材として用いられるのは，**回転移動**を表す行列ないしその実数倍がほとんどです．回転移動は，回転角が0や $\pi$ の場合を除き，全てのベクトルの向きを変えるので，固有ベクトルは持たず，特性根も実数にはならないのです．

原点を中心とした反時計回りの角度 $\theta$ の回転移動を表す行列を $R(\theta)$ とすると，

$$R(\theta)=\begin{pmatrix} \cos\theta & -\sin\theta \\ \sin\theta & \cos\theta \end{pmatrix} \tag{7.19}$$

となります．その図形的な意味から，$R(\theta_2)\cdot R(\theta_1)=R(\theta_1+\theta_2)$, $R(\theta)^n=R(n\theta)$ 等が言えますが，このあたりの考え方は，高校の学習指導要領から1次変換と入れ替わりで消えた複素数平面の分野と内容が重なる部分です．

平面における1次変換で**合同変換**となるものは，回転移動の他に，原点を通る直線を対称軸とする**対称移動**があります．対称移動を表す行列は2つの固有値 $1, -1$ を持ち，固有値1に対する固有ベクトルは対称軸の方向ベクトル，固有値 $-1$ に対する固有ベクトルは対称軸の法線ベクトルとなります．$x$ 軸を原点を中心として反時計回りに角度 $\theta$ 回転した直線を軸とする対称移動を表す行列を $M(\theta)$ とすると，(7.9) 式より，

$$M(\theta) = R(\theta)\begin{pmatrix} 1 & 0 \\ 0 & -1 \end{pmatrix} R(-\theta)$$
$$= \begin{pmatrix} \cos 2\theta & \sin 2\theta \\ \sin 2\theta & -\cos 2\theta \end{pmatrix} \tag{7.20}$$

となります．$M(\theta)$ に関しては，図形的意味より明らかに $M(\theta)^{-1} = M(\theta)$，$M(\theta)^2 = E$ が成立します．

回転移動は図形の向きを変えるだけですが，対称移動は鏡像に変換するので，異なる軸についての2回の対称移動を行った結果は1回の回転移動として表され，回転移動と対称移動の合成は1回の対称移動となります．実際，次のような関係が成立します．

$$M(\theta_2) \cdot M(\theta_1) = R(2\theta_2 - 2\theta_1) \tag{7.21}$$

$$M(\theta_2) \cdot R(2\theta_1) = M(\theta_2 - \theta_1) \tag{7.22}$$

$$R(2\theta_2) \cdot M(\theta_1) = M(\theta_1 + \theta_2) \tag{7.23}$$

例題7-4は，(7.23) 式の合同変換の合成を扱っており，この式に従うと，$2\theta_2 = \frac{\pi}{3}$，$\theta_1 + \theta_2 = n\pi$ より，$\alpha = \theta_1 = -\frac{\pi}{6}$ が言えます．

**例題 7-4**　$-\frac{\pi}{2} < \alpha < \frac{\pi}{2}$ とする．座標平面上で原点の周りに $\frac{\pi}{3}$ 回転する1次変換を $f$ とし，直線 $y = (\tan\alpha)x$ について対称移動する1次変換を $g$ とする．合成変換 $f \circ g$ が $x$ 軸について対称移動する1次変換と一致するとき，$\alpha$ の値を求めよ．

(2007 京都大 教育・総合 (理系)・医 (保健))

▽▼▽　**略解**　▽▼▽

$f, g$ を表す行列をそれぞれ $A, B$ とすると，

$$A = \begin{pmatrix} \cos\frac{\pi}{3} & -\sin\frac{\pi}{3} \\ \sin\frac{\pi}{3} & \cos\frac{\pi}{3} \end{pmatrix},\quad B = \begin{pmatrix} \cos 2\alpha & \sin 2\alpha \\ \sin 2\alpha & -\cos 2\alpha \end{pmatrix}.$$

$$AB = \begin{pmatrix} \cos\left(2\alpha + \frac{\pi}{3}\right) & \sin\left(2\alpha + \frac{\pi}{3}\right) \\ \sin\left(2\alpha + \frac{\pi}{3}\right) & -\cos\left(2\alpha + \frac{\pi}{3}\right) \end{pmatrix} = \begin{pmatrix} 1 & 0 \\ 0 & -1 \end{pmatrix}$$ より，$2\alpha + \frac{\pi}{3} = 2n\pi$.

$-\frac{\pi}{2} < \alpha < \frac{\pi}{2}$ より，$\alpha = -\frac{\pi}{6}$.

## 7.5　2次形式

最後に，**2次形式**について触れておきます．2次形式とは，$n$ 個の変数による斉2次式（2次の項のみからなる多項式）を，変数列 $\boldsymbol{x} = \begin{pmatrix} x_1 \\ \vdots \\ x_n \end{pmatrix}$ と $n$ 次対称行列 $A$ を用いて

$$F(\boldsymbol{x}) = {}^t\boldsymbol{x}A\boldsymbol{x} \tag{7.24}$$

と表すものです．ここで，${}^t\boldsymbol{x}$ は $\boldsymbol{x}$ の転置行列を表します．$A$ の $(i, j)$ 成分を $a_{(i,j)}$ とすると，$A$ は対称行列なので $a_{(i,j)} = a_{(j,i)}$ であり，$F(\boldsymbol{x})$ の ${x_i}^2$ の係数は $a_{(i,i)}$，$x_i x_j$ $(i \neq j)$ の係数は $a_{(i,j)} + a_{(j,i)} = 2a_{(i,j)}$ となります．

変数列 $\boldsymbol{y}$ が正則行列 $P$ により $\boldsymbol{x} = P\boldsymbol{y}$ を満たすとき，$B = {}^tPAP$ とおくと，

$${}^t\boldsymbol{x}A\boldsymbol{x} = {}^t(P\boldsymbol{y})A(P\boldsymbol{y}) = {}^t\boldsymbol{y}\,{}^tPAP\boldsymbol{y} = {}^t\boldsymbol{y}B\boldsymbol{y} \tag{7.25}$$

の関係が成立します．ここで，対称行列 $A$ は適当な直交行列 $P$ をとって ${}^tPAP = P^{-1}AP$ を対角行列にすることができ，特に変数が2個の場合は，ある回転移動 $R(\theta)$ を用いて $\begin{pmatrix} x \\ y \end{pmatrix} = R(\theta)\begin{pmatrix} u \\ v \end{pmatrix}$ とおくことで，

$$\begin{aligned} (x \quad y)\,A\begin{pmatrix} x \\ y \end{pmatrix} &= (u \quad v)\ {}^tR(\theta)AR(\theta)\begin{pmatrix} u \\ v \end{pmatrix} \\ &= \alpha u^2 + \beta v^2 \end{aligned} \tag{7.26}$$

と変形できます．ここで $\alpha, \beta$ は $A$ の固有値です．例題 7-5 にこの (7.26) 式の関係を題材とした出題例を挙げておきます.（ただしここでは，元の問題の誘導のわかりにくい部分を一部変更してあります.）

**例題 7-5**　$f(x,y) = 5x^2 + 2\sqrt{3}xy + 3y^2$ として，以下の問いに答えよ．なお，${}^tX$ は，行列 X の行と列を交換した行列を表すものとする．たとえば，${}^t\begin{pmatrix} x \\ y \end{pmatrix} = \begin{pmatrix} x & y \end{pmatrix}$ となる．また，一般に ${}^t(XY) = {}^tY\,{}^tX$ が成立することを用いてよい．

(1)　$f(x,y) = \begin{pmatrix} x & y \end{pmatrix} A \begin{pmatrix} x \\ y \end{pmatrix}$，${}^tA = A$ を満たす $2 \times 2$ 行列 $A$ を求めよ．

(2)　$xy$ 平面において，$x$ 軸，$y$ 軸を反時計回りに $30°$ 回転させたものを $u$ 軸，$v$ 軸とよぶとき，ある点の $xy$ 座標系における座標が $(x,y)$，$uv$ 座標系における座標が $(u,v)$ ならば，$2\times2$ 行列 $P$ を用いて，$\begin{pmatrix} x \\ y \end{pmatrix} = P \begin{pmatrix} u \\ v \end{pmatrix}$ と表すことができる．$P$ を求めよ．

(3)　${}^tPAP$ を計算せよ．

(4)　$x, y$ が $x^2 + y^2 = 1$ を満たすとき，$f(x,y)$ の最大値，最小値及びそのときの $x, y$ を求めよ．　　　　(1993 早稲田大 政経／改題)

▽▼▽　**略解**　▽▼▽

(1) $A = \begin{pmatrix} 5 & \sqrt{3} \\ \sqrt{3} & 3 \end{pmatrix}$.　　(2) $P = \begin{pmatrix} \cos 30° & -\sin 30° \\ \sin 30° & \cos 30° \end{pmatrix} = \begin{pmatrix} \frac{\sqrt{3}}{2} & -\frac{1}{2} \\ \frac{1}{2} & \frac{\sqrt{3}}{2} \end{pmatrix}$.

(3) ${}^tPAP = \begin{pmatrix} 6 & 0 \\ 0 & 2 \end{pmatrix}$.　　(4) $f(x,y) = \begin{pmatrix} u & v \end{pmatrix} {}^tPAP \begin{pmatrix} u \\ v \end{pmatrix} = 6u^2 + 2v^2$.

ここで，$x^2 + y^2 = 1 \Leftrightarrow u^2 + v^2 = 1$ であり，$|u| \leqq 1$ なので，$f(x,y) = 2 + 4u^2$ は $(u,v) = (\pm 1, 0)$ のとき，最大値 6 をとり，そのとき $(x,y) = \left(\pm\frac{\sqrt{3}}{2}, \pm\frac{1}{2}\right)$.

$(u,v) = (0, \pm 1)$ のとき，最小値 2 をとり，そのとき $(x,y) = \left(\mp\frac{1}{2}, \pm\frac{\sqrt{3}}{2}\right)$.

（複号同順）

# 第8章 多項式と複素数 ～消えたガウス平面～

この連載でも何度か触れていますが，現行の高校の学習指導要領では，**ガウス平面**（高校数学では**複素数平面**と呼ばれる）は取り扱わないことになっており，大学入試で言うと 2006 年度分から複素数平面は姿を消しています．

高校までの数学では，物の「個数」から整数を理解し，長さや面積という「量」から分数や小数，さらには実数まで，現実世界と対応付けながら扱う「数」の範囲を拡げていきますが，２次方程式の解として複素数が出現した時点で，途端に抽象度が跳ね上がります．ここで高校数学についていけなくなる人もいるでしょう．ただ，複素数平面を併せて学ぶ場合は，複素数を現実世界と対応付けることはできないにしても，複素数平面上の点として考えると実に自然な振るまいをすることや，極形式での取り扱い等を学ぶにつれて，唐突に出現した感のある複素数を徐々に自然な存在として受け入れられるようになっていきます．しかし，現状，高校で複素数平面を扱わないということは，複素数というものを「なんだかよくわからない形式的な存在」としてしか認識できないまま高校教育が終わることを意味します．

複素数の世界まで数の地平が切り開かれたことで，ようやく一つの完成された姿を表した代数学の，入口にも立たないまま終えてしまうというのは，高校数学を大学で数学を学ぶ下準備として捉えても，また，高校数学までしか履修しない人にとってみても，不幸なことではないでしょうか．

今回は，多項式や $n$ 次方程式と，それと関連して出現する複素数について取り扱った問題について，現行の学習指導要領の範囲で出題可能であるもの，そうでないものを含めて，見ていくことにします．

## 8.1 代数学の基本定理

実数体ではなく，複素数体こそが，代数学の舞台として適切なものであることを示す基本的な定理として，**代数学の基本定理**というものがあります．

**代数学の基本定理**

$f(x)$ を1次以上の任意の複素係数の多項式とするとき，$f(x)=0$ の複素数解が必ず存在する．

$f(x)=0$ の複素数解の1つを $x_1$ とすると，**因数定理**より $f(x)$ は $x-x_1$ を因数に持つので，代数学の基本定理は，ここから帰納的に導かれる以下のような形で表されることもあります．

**代数学の基本定理の系**

(1) 複素係数の $n$ 次方程式 $f(x)=0$ の解は，重解を重複して数えるとちょうど $n$ 個存在する．

(2) $n$ 次の複素係数の多項式 $f(x)$ は，ちょうど $n$ 個の複素係数の1次式の積として表される．

この代数学の基本定理は，高校数学の範囲では証明できませんが，高校の教科書では「$n$ 次方程式は複素数の範囲では $n$ 個の解を持つ」ということを，既成事実として紹介しています．

以下，実係数の $n$ 次方程式

$$f(x)=0 \tag{8.1}$$

を考えます．もし，複素数 $\beta$ が (8.1) 式の解ならば，共役複素数の性質より，

$$f(\overline{\beta})=\overline{f(\beta)}=\overline{0}=0 \tag{8.2}$$

となるので，当然 $\overline{\beta}$ も (8.1) 式の解となります．したがって，実係数の $n$ 次方程式の虚数解は，必ず共役なペアで出現することになります．

ここで，(8.1) 式の $n$ 個の解を，$\alpha_1,\cdots,\alpha_j$，$\beta_1,\overline{\beta_1},\cdots.\beta_k,\overline{\beta_k}$（$j+2k=n$，$\alpha_1\sim\alpha_j$ は実数，$\beta_1\sim\beta_k$ は虚数）とすると，$\beta+\overline{\beta}=2\mathrm{Re}(\beta)$，$\beta\overline{\beta}=|\beta|^2$ は

いずれも実数なので，因数定理より $f(x)$ は係数が実数の範囲では次のように因数分解できることになります．($a$ は $f(x)$ の $n$ 次の係数)

$$\begin{aligned} f(x) &= a(x-\alpha_1)\cdots(x-\alpha_j) \\ &\quad \times\{x^2-(\beta_1+\overline{\beta_1})x+\beta_1\overline{\beta_1}\}\cdots\{x^2-(\beta_k+\overline{\beta_k})x+\beta_k\overline{\beta_k}\} \end{aligned} \tag{8.3}$$

つまり，全ての実係数の 1 変数多項式は，係数が実数の範囲で必ず 2 次以下の多項式の積に因数分解できるということが言えるのです．

この事実を知っていると，次のような問題でも，とにかく 2 次式になるまでは因数分解しなければならないことがわかります．

**例題 8-1**　多項式 $f(x)=x^{14}+x^8+x^6+1$ について答えよ．

(1)　$f(x)$ は $x^6+1$ を因数に持つことを示せ．

(2)　係数が実数の範囲で $f(x)$ を因数分解せよ．　　(岩手医大　歯)

▽▼▽　**略解**　▽▼▽

(1)　$f(x)=x^8(x^6+1)+(x^6+1)=(x^8+1)(x^6+1)$.

(2)　$x^6+1=(x^2+1)(x^4-x^2+1)$

$=(x^2+1)\{(x^2+1)^2-3x^2\}$

$=(x^2+1)(x^2+\sqrt{3}x+1)(x^2-\sqrt{3}x+1)$,

$x^8+1=(x^4+1)^2-2x^4$

$=(x^4+\sqrt{2}x^2+1)(x^4-\sqrt{2}x^2+1)$

$=\{(x^2+1)^2-(2-\sqrt{2})x^2\}\{(x^2+1)^2-(2+\sqrt{2})x^2\}$

$=(x^2+\sqrt{2-\sqrt{2}}x+1)(x^2-\sqrt{2-\sqrt{2}}x+1)$

$\quad\times(x^2+\sqrt{2+\sqrt{2}}x+1)(x^2-\sqrt{2+\sqrt{2}}x+1)$.

$\therefore\ f(x)=(x^2+1)(x^2+\sqrt{3}x+1)(x^2-\sqrt{3}x+1)$

$\quad\times(x^2+\sqrt{2-\sqrt{2}}x+1)(x^2-\sqrt{2-\sqrt{2}}x+1)$

$\quad\times(x^2+\sqrt{2+\sqrt{2}}x+1)(x^2-\sqrt{2+\sqrt{2}}x+1)$.

$f(x)$ の因数となっている 7 個の 2 次式の判別式の符号を調べると，いずれも負なので，係数が実数の範囲ではこれ以上因数分解できない．

## 8.2　1の3乗根 $\omega$ の性質

例題8-1において，$x^6+1$ を因数分解する際には，まず $x^6=-1$ の6つの解を求めた上で，共役なペア毎にまとめるという考え方もできます．複素数平面の考え方を使うならば，$x^6=-1$ の1つの解の偏角を $\theta$，絶対値を $r$ とすると，$r^6=1$，$6\theta=(2k+1)\pi$ と置けるので，6つの解はいずれも絶対値が1，つまり，複素数平面の単位円上にあり，偏角は $\pm\frac{\pi}{6}$，$\pm\frac{\pi}{2}$，$\pm\frac{5\pi}{6}$ となります．したがって，共役なペアに対応する $x^6+1$ の因数となる2次式は，$x^2-(2\cos\theta)x+1$ $\left(\theta=\frac{\pi}{6},\ \frac{\pi}{2},\ \frac{5\pi}{6}\right)$ となるのです．同様に，$x^8+1$ の因数は，$x^2-(2\cos\theta)x+1$ $\left(\theta=\frac{\pi}{8},\ \frac{3\pi}{8},\ \frac{5\pi}{8},\ \frac{7\pi}{8}\right)$ となります．

このように，複素数平面を使うと，$x^n=1$ や $x^n=-1$ の解は複素数平面の単位円上の点として把握することができ，その図形的な意味を踏まえた出題も頻出だったのですが，複素数平面の考え方を使えないとなると，たとえば例題8-1の因数分解に出現する $\sqrt{2+\sqrt{2}}$ という値が $2\cos\frac{\pi}{8}$ に相当するのだということも簡単には説明できません．したがって，現状複素数に関する出題の幅はかなり狭くなっているのですが，そんな中，単位円上の点で $x^3=1$ の虚数解である $\omega=\frac{-1\pm\sqrt{3}i}{2}$ を利用する問題だけは，複素数平面と結びつけなくても理解できるため，今でも定番中の定番です．

この $\omega$ には，以下のような性質があります．

$$\frac{1}{\omega}=\omega^2=\overline{\omega} \tag{8.4}$$

$$\omega\overline{\omega}=\omega^3=1 \tag{8.5}$$

$$1+\omega+\omega^2=0 \tag{8.6}$$

これらの性質を用いると，次の問題のような特殊な因数分解も成立します．

**例題 8-2**　方程式 $x^3=1$ の虚数解を $\omega,\ \omega^2$ とする．

(1)　$1+\omega+\omega^2=$ [　　] である．

(2)　$a^3+b^3+c^3-3abc=(a+b+c)(a+b\omega+c\omega^2)(a+b\omega^2+c\omega)$

を示せ．

(3)　$a,\ b,\ c,\ x,\ y,\ z$ の整式 $P,\ Q,\ R$ を適当にとると

$(a^3+b^3+c^3-3abc)(x^3+y^3+z^3-3xyz)=P^3+Q^3+R^3-3PQR$

とできる．整式 $P,\ Q,\ R$ を求めよ．　　　　　　　　(東京農業大)

▽▼▽　**略解**　▽▼▽

(1)　$x^3=1 \Leftrightarrow (x-1)(x^2+x+1)=0$ より，

$\omega$ は $x^2+x+1=0$ の解で，$1+\omega+\omega^2=0$

(2)　$(a+b\omega+c\omega^2)(a+b\omega^2+c\omega)$

$=a^2+b^2\omega^3+c^2\omega^3+ab(\omega^2+\omega)+bc(\omega^4+\omega^2)+ca(\omega^2+\omega)$

$=a^2+b^2+c^2-ab-bc-ca$ なので，

右辺 $=(a+b+c)(a^2+b^2+c^2-ab-bc-ca)=a^3+b^3+c^3-3abc=$ 左辺．

(3)　(2) より，左辺は

$$
\begin{aligned}
&(a+b+c)(a+b\omega+c\omega^2)(a+b\omega^2+c\omega)\\
&\quad\times(x+y+z)(x+y\omega+z\omega^2)(x+y\omega^2+z\omega)\\
&=(a+b+c)(x+y+z)\\
&\quad\times(a+b\omega+c\omega^2)(x+y\omega^2+z\omega)\\
&\quad\times(a+b\omega^2+c\omega)(x+y\omega+z\omega^2)\\
&=(ax+by+cz+az+bx+cy+ay+bz+cx)\\
&\quad\times\{(ax+by+cz)+(az+bx+cy)\omega+(ay+bz+cx)\omega^2\}\\
&\quad\times\{(ax+by+cz)+(az+bx+cy)\omega^2+(ay+bz+cx)\omega\}.
\end{aligned}
$$

ここで，$\begin{cases} P=ax+by+cz \\ Q=az+bx+cy \\ R=ay+bz+cx \end{cases}$ とおくと，

$(P+Q+R)(P+Q\omega+R\omega^2)(P+Q\omega^2+R\omega)=P^3+Q^3+R^3-3PQR$ となる．

複素数は，実数に**虚数単位** $i$ を追加して，$a+bi$ という形の数の体系を作ったものですが，この $i$ の代わりに $\omega$ を用いて，$a+b\omega$ という数の体系を考えることもできます．また，$a+bi$ において $a$ も $b$ も整数であるものは**ガウス整数**と呼ばれ，通常の整数と似た特徴を持ちますが，$a+b\omega$ において $a$ も $b$ も整数であるものについても，同様に整数に準じて扱うことができます．たとえ

ば，ガウス整数や $a+b\omega$（$a,b$ は整数）の集合は，整数の集合と同様，加法と乗法に関して**可換環**となり，また，それぞれの体系の中で「素数」に相当するものを定義することもできます．次の例題8-3は，この $a+b\omega$ の形の「整数」に関する問題です．

**例題 8-3**　3次方程式 $x^3=1$ の虚数解の1つを $\omega$ とする．

(1)　$a,b$ を実数とし，$z=a-b\omega$ とするとき，$z\overline{z}$ を $a,b$ で表せ．ただし，$\overline{z}$ は $z$ の共役複素数である．

(2)　$a,b,c,d$ を実数とするとき，
$(a-b\omega)(c-d\omega)=A+B\omega$ をみたす実数 $A,B$ を $a,b,c,d$ で表せ．

(3)　$a,b,c,d$ を整数とするとき，
$(a^2+ab+b^2)(c^2+cd+d^2)$ は，$X^2+XY+Y^2$ の形で表されることを示せ．ただし，$X,Y$ も整数とする．（早稲田大　商）

▽▼▽　**略解**　▽▼▽

(1)　$z\overline{z}=(a-b\omega)(a-b\overline{\omega})=a^2-(\omega+\overline{\omega})ab+\omega\overline{\omega}b^2=a^2+ab+b^2$.

(2)　$(a-b\omega)(c-d\omega)=ac-(ad+bc)\omega+bd\omega^2$
$=ac-(ad+bc)\omega+bd(-1-\omega)=ac-bd-(ad+bc+bd)\omega$ より
$A=ac-bd,\ B=-(ad+bc+bd)$.

(3)　$(a^2+ab+b^2)(c^2+cd+d^2)$
$=(a-b\omega)\overline{(a-b\omega)}(c-d\omega)\overline{(c-d\omega)}$
$=(a-b\omega)(c-d\omega)\overline{(a-b\omega)}\ \overline{(c-d\omega)}$
$=\{ac-bd-(ad+bc+bd)\omega\}\overline{\{ac-bd-(ad+bc+bd)\omega\}}$.
ここで，$X=ac-bd,\ Y=ad+bc+bd$ とおくと，$X,Y$ は整数であり，
与式 $=(X-Y\omega)\overline{(X-Y\omega)}=X^2+XY+Y^2$.

$\omega$ については，他にも，$1\to\omega\to\omega^2\to1$ というサイクリックな変化と，$1+\omega+\omega^2=0$ という性質を利用して，隣り合うペアを把握するのに偶奇性を利用するのと同様に，連続する3つの組を把握する際に利用することがあります．

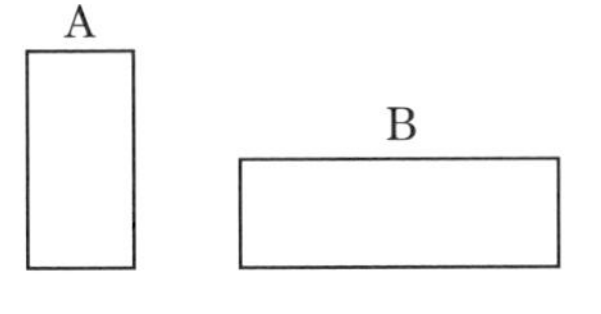


**例題 8-4**　縦の長さが自然数 $m$，横の長さが自然数 $n$ の板 $R_{mn}$ がある．縦の長さ 2，横の長さ 1 の長方形のタイル A と，縦の長さ 1，横の長さ 3 の長方形のタイル B の 2 種類のタイルを縦横の向きは変えずに用いて，板 $R_{mn}$ をぴったり覆うように貼り詰めたい（たとえば，図の網掛部に A は貼れない）．

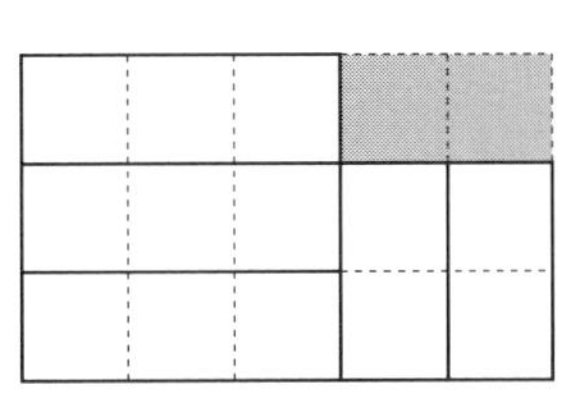

もしこれが可能なら，実は A，B どちらか 1 種類のタイルだけで貼り詰められることが次のようにして証明できる．

$R_{mn}$ を縦横の長さが 1 の正方形 $m \times n$ 個のます目に分割し，上から $s$ 番目，左から $t$ 番目のます目には $(-1)^s\omega^t$ を記入する．ここで，$\omega$ は $\omega^3 = 1$，$\omega \neq 1$ をみたす複素数である．

(1)　A，B どちらのタイルであってもその 1 枚を $R_{mn}$ のます目に合わせて貼れば，覆われたます目に記入された複素数の和は貼った場所によらず常に 0 であることを示しなさい．

(2)　$R_{mn}$ を A，B のタイルによって貼り詰めることができれば，A，B どちらか 1 種類のタイルだけで貼り詰められることを示しなさい．

(1999 慶応義塾大　理工)

▽▼▽　**略解**　▽▼▽

(1)　以下，上から $s$ 番目，左から $t$ 番目のます目を $(s,\ t)$ で表す．
A のタイルを貼る位置の上半分が $(s,\ t)$ だとすると，下半分は $(s+1,\ t)$ なので，複素数の和は，$(-1)^s\omega^t + (-1)^{s+1}\omega^t = (1-1)(-1)^s\omega^t = 0$.
また，B のタイルを貼る位置の左端のます目が $(s,\ t)$ だとすると，あとの 2 ますは $(s,\ t+1), (s,\ t+2)$ なので，複素数の和は，$(-1)^s\omega^t + (-1)^s\omega^{t+1} + (-1)^s\omega^{t+2}$
$= (1+\omega+\omega^2)(-1)^s\omega^t = 0$.

(2)　$R_{mn}$ を A，B のタイルによって貼り詰めることができた場合，(1) より，

$$\sum_{s=1}^{m}\left\{\sum_{t=1}^{n}(-1)^s\omega^t\right\} = 0.$$

ここで，$\sum_{s=1}^{m}\left\{\sum_{t=1}^{n}(-1)^s\omega^t\right\}=\sum_{s=1}^{m}\left\{(-1)^s\sum_{t=1}^{n}\omega^t\right\}=\sum_{s=1}^{m}(-1)^s\cdot\sum_{t=1}^{n}\omega^t$ なので，

$\sum_{s=1}^{m}(-1)^s=0$ または $\sum_{t=1}^{n}\omega^t=0$.

$\sum_{s=1}^{m}(-1)^s=0$ のとき，$m$ は偶数となり，$R_{mn}$ は A だけで貼り詰められる．

$\sum_{t=1}^{n}\omega^t=0$ のとき，$n$ は3の倍数となり，$R_{mn}$ は B だけで貼り詰められる．

## 8.3　3次方程式とカルダノの方法

高校数学では，複素数は主に2次方程式の解として現れ，3次以上の方程式の解を扱う場合も，因数分解などにより2次方程式の問題に持ち込んで考えるのがほとんどです．2次方程式には，機械的に解を求めることのできる解の公式が存在しますが，3次以上ではそう単純にはいきません．一般に解を求める手法としては，3次方程式については**カルダノの方法**，4次方程式については**フェラーリの方法**が知られていますが，高校では取り扱いません．(さらに5次方程式以上になると，代数的に一般解を表す式は存在しないことが証明されています．)

ただし，単純に解を求めるという文脈でなければ，**解と係数の関係**を用いて一般の3次方程式の解を扱うことは，高校数学の範疇でも可能です．

**例題 8-5**　3次方程式 $x^3+3x^2-1=0$ の1つの解を $\alpha$ とする．

(1)　$(2\alpha^2+5\alpha-1)^2$ を $a\alpha^2+b\alpha+c$ の形で表せ．ただし，$a,b,c$ は有理数とする．

(2)　上の3次方程式の $\alpha$ 以外の二つの解を (1) と同じ形の式で表せ．

(1990 東京大　文系)

▽▼▽　**略解**　▽▼▽

(1)　$(2\alpha^2+5\alpha-1)^2=4\alpha^4+20\alpha^3+21\alpha^2-10\alpha+1$

$=(\alpha^3+3\alpha^2-1)(4\alpha+8)-3\alpha^2-6\alpha+9=-3\alpha^2-6\alpha+9$.

(2)　3解を $\alpha,\beta,\gamma$ とすると，解と係数の関係より，

$$\begin{cases} \alpha+\beta+\gamma=-3 \\ \alpha\beta+\beta\gamma+\gamma\alpha=0 \\ \alpha\beta\gamma=1 \end{cases}$$

$\therefore \quad \beta+\gamma=-\alpha-3,\ \beta\gamma=\alpha(\alpha+3).$

よって，$\beta,\ \gamma$ を2解に持つ2次方程式を作ると $x^2+(\alpha+3)x+\alpha(\alpha+3)=0$ となる．

これを解くと $x=\dfrac{-(\alpha+3)\pm\sqrt{-3\alpha^2-6\alpha+9}}{2}$ となり，(1) の結果を使うと，

$x=\dfrac{-(\alpha+3)\pm(2\alpha^2+5\alpha-1)}{2}=\alpha^2+2\alpha-2,\ -\alpha^2-3\alpha-1$

これらが，求める二つの解となる．

…………………………………………………………………………………………………

3次方程式の一般解法であるカルダノの方法とは，次のようなものです．ここでは，係数が実数で，なおかつ3次の係数が1である次のような3次方程式を考えます．

$$x^3+ax^2+bx+c=0 \tag{8.7}$$

まず，変数 $x$ を，$x=y-\dfrac{a}{3}$ で置換すると，次のような $y$ についての2次の項のない3次方程式が得られます．係数も簡便のため $p,q$ に置き換えておきます．

$$y^3+py+q=0, \quad x=y-\frac{a}{3} \tag{8.8}$$

$$\text{ただし} \quad p=-\frac{a^2}{3}+b, \quad q=\frac{2a^3}{27}-\frac{ab}{3}+c$$

さらに，仮に $y=u+v$ と置くと，(8.8) 式は次のように変形されます．

$$u^3+v^3+q+(u+v)(3uv+p)=0 \tag{8.9}$$

ここで，次式を満たすような $u,\ v$ の組が見つかれば，$y=u+v$ は (8.8) 式の解となります．

$$\begin{cases} u^3+v^3=-q \\ uv=-\dfrac{p}{3} \end{cases} \tag{8.10}$$

この (8.10) 式を $u^3$ と $v^3$ を解とする2次方程式の解と係数の関係と見なすと，次のような結果が得られます. ($u$, $v$ は逆でも可)

$$u = \left(-\frac{q}{2} + \sqrt{\frac{q^2}{4} + \frac{p^3}{27}}\right)^{\frac{1}{3}} \tag{8.11}$$

$$v = \left(-\frac{q}{2} - \sqrt{\frac{q^2}{4} + \frac{p^3}{27}}\right)^{\frac{1}{3}} \tag{8.12}$$

ただし，0以外の任意の複素数の3乗根は必ず3つずつ存在するので，$u$, $v$ も3つの異なる値をとり，そこから $uv = -\dfrac{p}{3}$ を満たすような $u$, $v$ の3通りの組ができるのですが，その組み合わせ方は，式中に出現する平方根の中身の符号により場合分けをして考える必要があります.

$\dfrac{q^2}{4} + \dfrac{p^3}{27} \geqq 0$ のときは，$u$, $v$ は実数の3乗根なので，そのうち実数値となるものを $u_0$, $v_0$ とします．一方，$\dfrac{q^2}{4} + \dfrac{p^3}{27} < 0$ のときは，$u^3$ と $v^3$ は互いに共役な複素数となるので，$uv$ が実数であることから，$u$ と $v$ も互いに共役となります．そこで，上式を満たす $u$ の1つを $u_0$ とし，$v_0 = \overline{u_0}$ と定めます.

このように定めた $u_0$, $v_0$ を用いて，$u$, $v$ の3通りの組合せは次のように表されます. (ここで，$\omega$ は1の原始3乗根)

$$(u, v) = (u_0, v_0),\ (\omega u_0, \omega^2 v_0),\ (\omega^2 u_0, \omega v_0) \tag{8.13}$$

これら3組を用いて，最終的に (8.7) 式の解は

$$x = u + v - \frac{a}{3} \tag{8.14}$$

と表されるのです.

ここで興味深いのは，$\dfrac{q^2}{4} + \dfrac{p^3}{27}$ が負の場合，つまり $u^3$, $v^3$ が共に虚数となる場合には，$u$ と $v$ は互いに共役な複素数となるので，3つの解はともに実数となり，逆に，$u^3$, $v^3$ が実数の場合に，虚数解が出現するという点です.

次の問題は，3つの解のうち1つのみ実数で2つは虚数となるような3次方程式の実数解をカルダノの方法で求めた結果から，元の方程式を復元するというものです.

**例題 8-6** $a=\sqrt[3]{\sqrt{\dfrac{65}{64}}+1}-\sqrt[3]{\sqrt{\dfrac{65}{64}}-1}$ とする．次の問いに答えよ．

(1) $a$ は，整数を係数とする3次方程式の解であることを示せ．

(2) $a$ は整数でないことを証明せよ．

(2005 弘前大 人文・教育・農・医（保健））

▽▼▽ **略解** ▽▼▽

(1) $u=\sqrt[3]{\sqrt{\dfrac{65}{64}}+1}$，$v=-\sqrt[3]{\sqrt{\dfrac{65}{64}}-1}$ とおくと，$a=u+v$.

$$u^3+v^3=\left(\sqrt{\frac{65}{64}}+1\right)-\left(\sqrt{\frac{65}{64}}-1\right)=2,$$

$$uv=-\sqrt[3]{\left(\sqrt{\frac{65}{64}}+1\right)\left(\sqrt{\frac{65}{64}}-1\right)}=-\frac{1}{4}.$$

$u^3+v^3=(u+v)^3-3uv(u+v)$ に代入すると，

$2=a^3+\dfrac{3}{4}a$ より，$4a^3+3a-8=0$ が成立．

(2) (1) より，$a(4a^2+3)=8$.

$a$ は実数なので，$4a^2+3\geqq 3$ となり，$0<a\leqq\dfrac{8}{3}$.

ここで，もし $a$ が整数なら，$a=1$ または $a=2$ となるが，

いずれも $4a^3+3a-8=0$ を満たさない．

## 8.4 円分多項式

複素数平面が入試の出題範囲内であったときには定番素材であった1の $n$ 乗根や複素数平面上の単位円と関連した，興味深い考察対象として，**円分多項式**というものがあります．

円分多項式とは，多項式 $x^n-1$ を，整係数の範囲で既約な多項式の積に因数分解したときに，因数として出現する多項式の総称です．また，ある自然数 $n$ に対して，$x^n-1$ の因数として出現する円分多項式のうち，$m<n$ であるいかなる自然数 $m$ についても，$x^m-1$ の因数とはならないものが1つだけあ

り，それを $n$ 次の円分多項式と呼びます.（以下，$n$ 次の円分多項式を $F_n(x)$ で表します.）

$x^n-1=0$ の解，すなわち1の $n$ 乗根のうち，$F_n(x)=0$ の解となるものを，1の**原始 $n$ 乗根**と呼びます．1の原始 $n$ 乗根の個数（$=F_n(x)$ の次数）は，$n$ 以下の自然数のうち $n$ と互いに素であるものの数（数論におけるオイラーの関数 $\phi(n)$）と一致します.

複素数平面を題材にしているか否かは問わず，大学入試に出現する多項式には，円分多項式や，その積で表されるものが頻繁に出現します．たとえば例題8-1の多項式は，$f(x)=(x^2+1)(x^4-x^2+1)(x^8+1)=F_4(x)\cdot F_{12}(x)\cdot F_{16}(x)$ と表されます．以下，次数の小さい円分多項式の例をいくつか挙げておきます.

$$
\begin{aligned}
F_1(x)&=x-1\\
F_2(x)&=x+1\\
F_3(x)&=x^2+x+1\\
F_4(x)&=x^2+1\\
F_5(x)&=x^4+x^3+x^2+x+1\\
F_6(x)&=x^2-x+1\\
F_7(x)&=x^6+x^5+x^4+x^3+x^2+x+1\\
F_8(x)&=x^4+1\\
F_9(x)&=x^6+x^3+1\\
F_{10}(x)&=x^4-x^3+x^2-x+1
\end{aligned}
$$

上では，原始 $n$ 乗根を円分多項式から説明しましたが，実際には原始 $n$ 乗根を先に定義して，それを用いて円分多項式を定義する方が自然です．そのように定義された円分多項式が既約であることを説明するのは高校数学の範囲では難しいですが，係数が整数となることは帰納的に証明できます．次の例題は，そのあたりも含めた論証問題となっています.

**例題 8-7**　実数 $a$ に対して，複素数 $z(a)$ を

$$z(a) = \cos 2\pi a + i \sin 2\pi a$$

と定義し，自然数 $N$ に対し有理数の集合 $Q_N$ を，

$$Q_N = \{q \mid q = \frac{M}{N},\ \text{自然数 } M \text{ は } N \text{ と互いに素},\ M \leqq N\}$$

と定義する．さらに，$Q_N$ の全ての要素を小さい方から順に並べたものを $q_1, q_2, \cdots, q_k$ として，多項式 $F_N(x)$ を

$$F_N(x) = (x - z(q_1))(x - z(q_2)) \cdots (x - z(q_k))$$

と定義する．このとき，以下の問いに答えよ．

(1)　$n$ の全ての約数（1 および $n$ を含む）を小さい方から順に並べたものを $N_1, N_2, \cdots, N_k$ とするとき，

$$F_{N_1}(x) \cdot F_{N_2}(x) \cdots F_{N_k}(x) = x^n - 1$$

となることを説明せよ．ただし，$x^n - 1 = 0$ の $n$ 個の解が

$$\cos \frac{2m\pi}{n} + i \sin \frac{2m\pi}{n}\quad (m = 1, 2, \cdots, n)$$

となることは，証明なしに使ってよい．

(2)　いかなる自然数 $n$ に対しても $F_n(x)$ の係数が全て整数であることを示せ．ただし，最高次の係数が 1 である 3 つの多項式 $A(x)$，$B(x)$，$C(x)$ において，$A(x) = B(x) \cdot C(x)$ であり，なおかつ，$A(x)$，$B(x)$ の係数が全て整数なら，$C(x)$ の係数も全て整数となることは，証明なしに使ってよい．

(3)　任意の自然数 $n$ に対し，多項式 $F_{2\cdot 3^n}(x)$ を展開した形を予想し，そうなることを (1) を用いて証明せよ．

▽▼▽　**略解**　▽▼▽

(1)　$Q_N$ は，既約分数で表した時に分母が $N$ となる 1 以下の正の有理数の集合なので，$N \neq M$ ならば $Q_N \cap Q_M = \phi$.

ここで，$S_n = \{x \mid x = \dfrac{m}{n},\ m = 1, 2, \cdots, n\}$，$T_n = Q_{N_1} \cup Q_{N_2} \cup \cdots \cup Q_{N_k}$ とおく．

$S_n$ のある要素 $q = \dfrac{m}{n}$ が既約分数として $\dfrac{M}{N}$ と表されるとすると，$N$ は $n$ の約数であり $M \leqq N$ なので，$q$ は $T_n$ の要素でもある．また，$T_n$ のある要素は明らかに $S_n$ の要素でもあるので，結局 $T_n = S_n$ となる．

$Q_{N_1} \cup Q_{N_2} \cup \cdots \cup Q_{N_k} = S_n$ であり，なおかつ $Q_{N_j}$ の要素に重複がないことから，

$$F_{N_1}(x) \cdot F_{N_2}(x) \cdots F_{N_k}(x) = \left\{x - z\left(\frac{1}{n}\right)\right\}\left\{x - z\left(\frac{2}{n}\right)\right\} \cdots \left\{x - z\left(\frac{n}{n}\right)\right\}$$

が言える．また，$x^n-1=0$ の $n$ 個の解が $z\left(\dfrac{m}{n}\right)$ $(m=1,2,\cdots,n)$ と表されることから，$x^n-1=\left\{x-z\left(\dfrac{1}{n}\right)\right\}\left\{x-z\left(\dfrac{2}{n}\right)\right\}\cdots\left\{x-z\left(\dfrac{n}{n}\right)\right\}$ となるので，与式が成立する．

(2)　最高次の係数が1であることを含め，数学的帰納法で示す．
i) $Q_1=\{1\}$，$F_1(x)=x-z(1)=x-1$ より，$n=1$ で成立．
ii) $n<m$ で成立することを仮定すると，
$A(x)=x^m-1$，$B(x)=F_{N_1}(x)\cdot F_{N_2}(x)\cdots F_{N_{k-1}}(x)$，
$C(x)=F_{N_k}(x)=F_m(x)$ とおくことで，$n=m$ でも成立することが言える．

(3)　$x^{3^n}-1=F_{3^n}(x)\cdot F_{3^{n-1}}(x)\cdots F_1(x)$，$x^{3^{n-1}}-1=F_{3^{n-1}}(x)\cdot F_{3^{n-2}}(x)\cdots F_1(x)$ より，$F_{3^n}(x)=\dfrac{x^{3^n}-1}{x^{3^{n-1}}-1}=x^{2\cdot 3^{n-1}}+x^{3^{n-1}}+1.$
また，$x^{2\cdot 3^n}-1=\{F_{2\cdot 3^n}(x)\cdot F_{3^n}(x)\}\{F_{2\cdot 3^{n-1}}(x)\cdot F_{3^{n-1}}(x)\}\cdot\{F_2(x)\cdot F_1(x)\}$，
$x^{2\cdot 3^{n-1}}-1=\{F_{2\cdot 3^{n-1}}(x)\cdot F_{3^{n-1}}(x)\}\{F_{2\cdot 3^{n-2}}(x)\cdot F_{3^{n-2}}(x)\}\cdot\{F_2(x)\cdot F_1(x)\}$ より，

$$F_{2\cdot 3^n}(x)=\frac{x^{2\cdot 3^n}-1}{(x^{2\cdot 3^{n-1}}-1)F_{3^n}(x)}=\frac{(x^{3^n}+1)(x^{3^n}-1)}{(x^{3^{n-1}}+1)(x^{3^{n-1}}-1)(x^{2\cdot 3^{n-1}}+x^{3^{n-1}}+1)}$$

$$=\frac{x^{3^n}+1}{x^{3^{n-1}}+1}=x^{2\cdot 3^{n-1}}-x^{3^{n-1}}+1.$$

………………………………………………………………………………

# 第9章 暗号理論とフェルマーの小定理　～情報社会の「鍵」～

20世紀後半の情報化社会の発達に伴い，従来はいわゆる純粋数学の世界の中で閉じていてあまり直接的な応用はないと思われていた**数論**ないし**整数論**と呼ばれる分野が，**群論**とともに情報工学において重要な役割を果たすようになりました．100年前の数学者には，例えば100桁もあるような巨大な素数が実際に世の中に役に立つことなど，予想もつかなかったことでしょう．今回は，そんな数論や群論を背景とした問題について見ていきます．

## 9.1　京大入試に見る整数の論証問題

高校数学には，**整数**の数論的な性質について体系立てて取り上げる単元はありません．素数や素因数分解は中学で軽く取り上げた以降は，数学Aの「論証」の例題として出現する程度です．最小公倍数や最大公約数に至っては，小学校で習った以降教科書では一切取り上げられません．しかし，大学入試においては，その場で考えて論証する能力を測るために，整数に関する論証問題は積極的に出題され，**整数問題**と呼ばれる一つのジャンルを形成しています．特に，京都大学の入試では，毎年のように整数まわりの論証問題が出題されています．



**例題 9-1**　2つの奇数 $a$, $b$ に対して

$$m = 11a + b,\ n = 3a + b$$

とおく．次の (1)，(2) を証明せよ．

(1)　$m$, $n$ の最大公約数は，$a$, $b$ の最大公約数を $d$ として，$2d$, $4d$, $8d$ のいずれかである．

(2)　$m$, $n$ がともに平方数であることはない．(整数の2乗である数を平方数という．)　　(1989 京都大　工・医・薬・農・文系（後期))

▽▼▽　**略解**　▽▼▽

(1) $a = Ad$, $b = Bd$ とおくと，$A$, $B$ は互いに素な奇数であり．$d$ は $m$, $n$ の公約数でもあるので，$m$, $n$ の最大公約数を $g$ とおくと，$g$ は $d$ の倍数．また，$m - n = 8a = 8Ad$, $11n - 3m = 8b = 8Bd$ より，$g$ は $8Ad$ と $8Bd$ の公約数．
ここで，$g = 2^j kd$（ただし，$j$ は0以上の整数で，$k$ は奇数）とおくと，$k$ は $A$, $B$ の公約数となるが，$A$, $B$ は互いに素なので $k = 1$ であり，$2^j$ は8の約数となる．また，$m$ も $n$ も偶数なので，最大公約数も偶数であり，$g = 2d, 4d, 8d$ のいずれかとなる．

(2)　$m$, $n$ がともに平方数であると仮定すると，$m$, $n$ が偶数であることから，$m = 4M^2$，$n = 4N^2$（$M$, $N$ は整数）とおける．すると，$m - n = 4(M + N)(M - N)$ であり，なおかつ $m - n = 8a$ となるので，$(M + N)(M - N) = 2a$ となる．
ここで，$M + N$ と $M - N$ はともに奇数かともに偶数なので，$(M + N)(M - N)$ は奇数または4の倍数となるが，$a$ は奇数なので $2a$ はそのどちらでもなく矛盾．

(1) では，ユークリッドの互除法を知っていれば $g$ が $n$ と $8a$ の最大公約数であることはわかりますが，$8b$ の約数でもあることに思い至るには，「最大公約数」はそれ以前に「公約数」であり，個々の「約数」であるという視点の変換が必要です．また，平方数がらみの論証で，素因数として2をいくつ含むかを考えることはよくありますが，そこから実際にどのように背理法に持ち込むかは，ある種のひらめきを要します．

この問題も含め，整数の論証ではほとんどの場合，「全ての自然数は素数の積として，並べ替えを除きただ1通りに表される（**素因数分解の一意性**）」という**整数論の基本定理**を暗黙のうちに前提としています．例えば，例題9-1で $g = 2^j kd$ とおいた時に，非負整数 $j$ と奇数 $k$ の組がただ1通りに決まる根拠は，素因数分解の一意性に他なりません．

**例題 9-2**　$n$ が相異なる素数 $p$, $q$ の積，$n = pq$，であるとき，$(n-1)$ 個の数 ${}_n\mathrm{C}_k$ $(1 \leqq k \leqq n-1)$ の最大公約数は1であることを示せ．

（1997 京都大　理系）

▽▼▽　**略解**　▽▼▽

${}_n\mathrm{C}_k$ $(1 \leqq k \leqq n-1)$ の最大公約数を $g$ とおく．
${}_n\mathrm{C}_1 = n = pq$ であることから，$g$ は $pq$ の約数，すなわち $1, p, q, pq$ のいずれかである．
ここで，

$${}_n\mathrm{C}_p = \frac{pq(pq-1)(pq-2)\cdots(pq-p+1)}{p(p-1)(p-2)\cdots 1} = \frac{q(pq-1)(pq-2)\cdots(pq-p+1)}{(p-1)(p-2)\cdots 1}$$

であり，分子の各項はいずれも $p$ の倍数ではないので，${}_n\mathrm{C}_p$ は $p$ で割り切れない．
同様に，${}_n\mathrm{C}_q$ は $q$ で割り切れないので，${}_n\mathrm{C}_p$ と ${}_n\mathrm{C}_q$ の公約数である $g$ は $p$ でも $q$ でも割り切れないことになる．
よって，$g=1$．

……………………………………………………………………………………

整数問題では，**二項展開**を使う議論もよく用いられますが，本問では例えば $\sum_{k=1}^{n-1} {}_n\mathrm{C}_k = 2^n - 2$ とおいてもあまり芳しい成果は得られず，${}_n\mathrm{C}_p$ や ${}_n\mathrm{C}_q$ に着目できるかがポイントとなっています．

**例題 9-3**　2 以上の自然数 $n$ に対し，$n$ と $n^2+2$ がともに素数になるのは $n=3$ の場合に限ることを示せ．　(2006 京都大　理系)

…………………… ▽▼▽　**略解**　▽▼▽ ……………………

以下，$m$ を自然数とする．
$n=3m$ の場合，$n$ が素数となるのは $n=3$ の場合だけであり，そのとき $n^2+2=11$ も素数なので条件を満たす．
$n=3m\pm1$ の場合，$n^2+2=9m^2\pm6m+3=3(3m^2\pm2m+1)$ は 3 より大きい 3 の倍数となり素数ではない．
よって，条件を満たすのは $n=3$ の場合のみである．

……………………………………………………………………………………

これは，問題文から，$n^2+2$ が素数となる可能性があるのは $n$ が 3 の倍数の場合だけであることが言えればよいのだと気付けば，簡単な問題です．

このように，京大入試で出題される整数問題では，柔軟な思考によるひらめきの比重が大きいように思われます．以前数値計算の回で東大入試の問題を取り上げましたが，同じ短い問題文による問いであっても，粘り強い計算力を求める東大とスマートな解を求める京大とで，それぞれの大学の特色が出ているのではないでしょうか．

## 9.2　合同式と素数の「星座」

例題9-3の考え方は，**合同式**を使うと次のように書けます．

$n \equiv 0 \pmod 3$ のとき，$n^2+2 \equiv 2 \pmod 3$

$n \equiv 1 \pmod 3$ のとき，$n^2+2 \equiv 0 \pmod 3$

$n \equiv 2 \pmod 3$ のとき，$n^2+2 \equiv 0 \pmod 3$

このことから，$n^2+2$ が素数となる可能性があるのは $n \equiv 0 \pmod 3$ のときに限ることがわかり，そのうち $n$ が素数なのは $n=3$ だけとなるのです．

この剰余に関する合同式は，受験数学においては当たり前のように用いていますが，実は高校の教科書では扱っていません．これがないとかなり不便ですが，用法を厳密に説明しようとすると「同値類で括る」といった抽象度の高い概念が必要となるためか，学習指導要領からは外れています．

$a \equiv b \pmod n$ の意味は，大雑把に言うと「$a$ と $b$ を $n$ で割った余りが等しい」ということになりますが，実際は負の数も扱うため,「$a-b$ が $n$ で割り切れる」という表現の方が正確です．この $n$ を法とした合同式で結ばれる関係を同値関係とみなしたときの同値類は **$n$ を法とした剰余類**と呼ばれ，その $n$ 個の同値類の集合を $\boldsymbol{Z}_n$ 等と表します．

$\boldsymbol{Z}_n$ は加法について**群**をなしています．また，乗法も定義でき，結合則，分配則も成り立つので，$\boldsymbol{Z}_n$ は**環**（詳しくは可換環）となります．$\bmod n$ における演算は，実はこの $n$ を法とした**剰余環**についての演算となっているのです．

整数を扱う問題では，合同式の法を適切に選ぶことで一気に解決することがよくあります．次の例題9-4では，扱う式の個数がヒントとなっています．

**例題9-4**　(1)　$p$，$2p+1$，$4p+1$ がいずれも素数であるような $p$ をすべて求めよ．

(2)　$q$，$2q+1$，$4q-1$，$6q-1$，$8q+1$ がいずれも素数であるような $q$ をすべて求めよ．　（2005 一橋大（後期））

▽▼▽　**略解**　▽▼▽

(1)　mod 3 において，$p$，$2p+1$，$4p+1$ の対応関係を調べると，下表のようになる．

| $p$ | $2p+1$ | $4p+1$ |
|---|---|---|
| 0 | 1 | 1 |
| 1 | 0 | 2 |
| 2 | 2 | 0 |

表より，3つのうち1つは必ず3の倍数となるので，いずれも素数となるのはどれか1つがちょうど3となる場合に限る．
$p=3$ のとき，$2p+1=7$，$4p+1=13$ で条件を満たす．
$2p+1=3$ のとき，$p=1$ は素数ではないので不適．
$4p+1=3$ のとき，$p$ は整数でないので不適．
よって，条件を満たす $p$ は3のみとなる．

(2)　mod 5において，$q$，$2q+1$，$4q-1$，$6q-1$，$8q+1$ の対応関係を調べると，下表のようになる．

| $q$ | $2q+1$ | $4q-1$ | $6q-1$ | $8q+1$ |
|---|---|---|---|---|
| 0 | 1 | 4 | 4 | 1 |
| 1 | 3 | 3 | 0 | 4 |
| 2 | 0 | 2 | 1 | 2 |
| 3 | 2 | 1 | 2 | 0 |
| 4 | 4 | 0 | 3 | 3 |

表より，5つのうち1つは必ず5の倍数となるので，いずれも素数となるのはどれか1つがちょうど5となる場合に限る．
$4q-1=5$ の場合と $8q+1=5$ の場合は，$q$ が整数でないので不適．
$6q-1=5$ の場合は $q=1$ が素数でないので不適．
$q=5$ のときは，$(q,\ 2q+1,\ 4q-1,\ 6q-1,\ 8q+1)=(5,11,19,29,41)$ となり条件を満たす．
$2q+1=5$ のときは，$(q,\ 2q+1,\ 4q-1,\ 6q-1,\ 8q+1)=(2,5,7,11,17)$ となり条件を満たす．
よって，条件を満たす $q$ は2と5である．

……………………………………………………………………………………

ここでは，$p$ や $q$ で表されるいくつかの数がいずれも素数となる場合を扱いましたが，2だけ離れた2つの数の組 $(n,\ n+2)$ がいずれも素数となる場合は，そのペアを**双子素数**と呼びます．双子素数は無限にあると予想されており，その出現頻度についても素数定理に相当する予想が存在しますが，いずれも未だ証明されていない未解決問題です．

2ずつ離れた3つの数の組 $(n,\ n+2,\ n+4)$ でいずれも素数となるものが

$(3, 5, 7)$ 以外に存在しないことは，mod 3 で考えれば明らかですが，$(n,\ n+2,\ n+6)$ や $(n,\ n+4,\ n+6)$ は双子素数と同様に無限に存在することが予想され，三つ子素数と呼ばれます．同様に，$(n,\ n+2,\ n+6,\ n+8)$ という四つ子素数も存在します．このように，ある決まったインターバルで出現する近接した素数のかたまりであり，無限に存在すると予想されているものは，'prime constellation'（**素数の星座**）と呼ばれています．四つ子素数の場合，mod 5 で考えれば，$(5, 7, 11, 13)$ を除くと，4つの素数の下1桁の並びが $(101, 103, 107, 109)$ のように必ず 1,3,7,9 となることは明らかですが，さらに mod 3 での検討を加味すると，実は $n = 30m + 11$（$m$ は自然数）でなくてはなりません．

例題 9-5 は，六つ子素数の出現する可能性のある場所を剰余類を用いて絞り込む問題です．

> **例題 9-5**　以下の文章の空欄を埋めよ．
>
> $19400 \leqq n \leqq 19599$ を満たし，$n-10$，$n-6$，$n-4$，$n$，$n+2$，$n+6$ が全て素数であるような整数 $n$ が存在することがわかっている．(存在の証明は不要)
>
> このとき，$n$ を7で割ると［ア］余り，$n$ を210で割ると［イ］余る．したがって，$n =$［ウ］である．

▽▼▽　**略解**　▽▼▽

$n$ を7で割った余りを $a$ $(0 \leqq a \leqq 6)$ とすると，$n = 7k + a$（$k$ は整数）と書ける．

$n-10 = 7(k-1) + (a-3)$，$n-6 = 7k + (a-6)$，$n-4 = 7k + (a-4)$，

$n = 7k + a$，$n+2 = 7(k+1) + (a-5)$，$n+6 = 7(k+1) + (a-1)$．

これらが素数であり7の倍数ではないので，$a$ は 3, 6, 4, 0, 5, 1 のいずれでもなく，$a = 2$ …(ア)．

同様にして，$n$ を5で割った余り，3で割った余りはいずれも2となるため，$n-2$ は 7, 5, 3 の公倍数，すなわち，105の倍数となる．

さらに，$n$ は奇数なので，$m$ を整数として，

$n - 2 = 105(2m+1) = 210m + 105$，$n = 210m + 107$ …(イ)．

これを $19400 \leqq n \leqq 19599$ の範囲で解くと，$m = 92$，$n = 19427$ …(ウ)．

## 9.3 有限群とオイラーの定理

数論，特に剰余類に関する議論は，群論や環論といった抽象代数学と密接な関係があり，数論的現象を群論等の言葉で解き明かすことができる場合も多くあります．

$\boldsymbol{Z}_n$ は**加法群**でしたが，$n$ 以下の自然数のうち $n$ と互いに素なものだけを集め，それらの数で代表される $\boldsymbol{Z}_n$ の元の集合を作ると，それは乗法について群をなします．この**乗法群**のことを**既約剰余群**と呼び，$\boldsymbol{Z}_n^*$ のように表します．$n$ を法とした既約剰余群の**位数**（＝群の要素の数），すなわち $n$ 以下の自然数のうち $n$ と互いに素なものの数は $\phi(n)$ で表し，**オイラーの関数**と呼ばれていますが，これは数論や群論の様々な局面で現れる重要な関数です．

オイラーの関数には次の性質があり，このことを「オイラーの関数は**乗法的**である」といいます．

$$m \text{ と } n \text{ が互いに素} \Rightarrow \phi(mn) = \phi(m) \cdot \phi(n) \tag{9.1}$$

例題 9-6 はこのオイラーの関数を扱ったものです．

**例題 9-6**　$N$ を自然数とし，$\phi(N)$ を $N$ より小さくかつ $N$ と互いに素な自然数の総数とする．
すなわち　$\phi(N) =$
$\#\{n\,|\,n \text{ は自然数}, 1 \leqq n < N, \gcd(N, n) = 1\}$
で，オイラー関数と呼ばれている．ここに $\gcd(a, b)$ は $a$ と $b$ の最大公約数を，$\#A$ は集合 $A$ の要素の総数を意味する．例えば，

$$\phi(6) = \#\{1, 5\} = 2,$$
$$\phi(15) = \#\{1, 2, 4, 7, 8, 11, 13, 14\} = 8$$

である．このとき，以下の問いに答えよ．

(1)　$p$ と $q$ を互いに異なる素数とし $N = pq$ とおく．

(i)　$N$ より小さい自然数 $n$ で，$\gcd(N, n) \neq 1$ となるものを全て求めよ．

(ii)　$\phi(N)$ を求めよ．

(2)　$p$ と $q$ を互いに異なる素数とし $N = pq$ とおく．今 $N$ と $\phi(N)$ があらかじめわかっているとき，$p$ と $q$ を解としてもつ二次方程式を $N$ や $\phi(N)$ 等を用いて表せ．

(3)　$N = 84773093$ および $\phi(N) = 84754668$ であるとき，$N = pq\ (p > q)$ となる素数 $p$ および $q$ を求めよ（求めた $p$ および $q$ が素数であることを示さなくてよい）．

ただし，必要に応じて以下の数表を使ってもよい．

$320^2 = 102400;\ 322^2 = 103684;\ 324^2 = 104976;$

$326^2 = 106276;\ 328^2 = 107584;\ 330^2 = 108900$

（2006 横浜市立大　医）

▽▼▽　**略解**　▽▼▽

(1) (i) $\gcd(N, n) \neq 1$ となる $n$ は，$p$ の倍数または $q$ の倍数なので，題意を満たすのは，$kp\ (k = 1, \cdots, q-1)$ および $kq\ (k = 1, \cdots, p-1)$．

(ii) $\phi(N) = N - 1 - (q-1) - (p-1) = pq - p - q + 1 = (p-1)(q-1)$．

(2) $pq = N$，$p + q = pq + 1 - \phi(N) = N - \phi(N) + 1$．
求める方程式は，$x^2 - (N - \phi(N) + 1)x + N = 0$．

(3) (2) より，$p$, $q$ は次の方程式の2解．

$$x^2 - 18426x + 84773093 = 0$$

これを解くと，$x = 9213 \pm \sqrt{9213^2 - 84773093} = 9213 \pm \sqrt{106276} = 9213 \pm 326$ となるので，$p > q$ より，$p = 9539$，$q = 8887$．

なお，例題9-6では $\phi(N)$ を「$N$ より小さくかつ $N$ と互いに素な自然数の総数」と定義していますが，一般には「$N$ より小さく」ではなく「$N$ 以下」とし，$\phi(1) = 1$ となるように定義します．

さて，一般の位数 $d$ の**有限群** $G$ の1つの元を $a$ とし，**単位元**を1とすると，$a^n = 1$ となるような自然数 $n$ が必ず存在します．そのような最小の $n$ をとり，集合 $H = \{a^k \mid k = 1, \cdots, n\}$ を作ると，これは $G$ の**部分群**となります．この $H$ を，$a$ を**生成元**とする**巡回群**と呼び，$G$ との関係においては $G$ の**巡回部分群**と呼びます．また，$H$ の位数 $n$ のことを，$a$ の**位数**ともいいます．同じ「位数」でも，群の位数と元の位数では意味が違うので注意が必要です．

巡回部分群の位数（＝その生成元の位数）は，必ずもとの群の位数の約数となります．そのことを，例題 9-7 の関数の合成に関する位数 6 の有限群で確認してみましょう．（今とは随分入試のシステムが違う時代の東大の問題です.）

**例題 9-7**　次の□にあてはまる数は何か．

6 個の関数 $f_1(x)=x$，$f_2(x)=\dfrac{1}{x}$，
$f_3(x)=1-x$，$f_4(x)=\dfrac{1}{1-x}$，$f_5(x)=\dfrac{x}{x-1}$，
$f_6(x)=\dfrac{x-1}{x}$ が与えられている．このとき，
$f_5(x)$ の逆関数は $f_a(x)$ で，$a=$□である；
$f_6(x)$ の逆関数は $f_b(x)$ で，$b=$□である；
$f_5(x)$ の $x$ のところに $f_c(x)$ を代入して $f_3(x)$ となるならば，$c=$□である；
$f_d(x)$ の $x$ のところに $f_6(x)$ を代入して $f_4(x)$ となるならば，$d=$□である；
（$a$, $b$, $c$, $d$ は，番号 1, 2, 3, 4, 5, 6 のうちのいずれかである）

（1966 東京大　1 次試験　理科系）

▽▼▽　**略解**　▽▼▽

合成関数 $f_m \circ f_n(x)$ を表に整理する．

| $f_m \diagdown f_n$ | $f_1$ | $f_2$ | $f_3$ | $f_4$ | $f_5$ | $f_6$ |
|---|---|---|---|---|---|---|
| $f_1$ | $f_1$ | $f_2$ | $f_3$ | $f_4$ | $f_5$ | $f_6$ |
| $f_2$ | $f_2$ | $f_1$ | $f_4$ | $f_3$ | $f_6$ | $f_5$ |
| $f_3$ | $f_3$ | $f_6$ | $f_1$ | $f_5$ | $f_4$ | $f_2$ |
| $f_4$ | $f_4$ | $f_5$ | $f_2$ | $f_6$ | $f_3$ | $f_1$ |
| $f_5$ | $f_5$ | $f_4$ | $f_6$ | $f_2$ | $f_1$ | $f_3$ |
| $f_6$ | $f_6$ | $f_3$ | $f_5$ | $f_1$ | $f_2$ | $f_4$ |

$f_5 \circ f_a(x)=x=f_1(x)$ より，$a=5$.
$f_6 \circ f_b(x)=x=f_1(x)$ より，$b=4$.
$f_5 \circ f_c(x)=f_3(x)$ より，$c=6$.
$f_d \circ f_6(x)=f_4(x)$ より，$d=6$.

この6つの関数からなる群では，単位元は $f_1$ となります．以下，$f_n$ を $k$ 回作用させる関数を $(f_n)^k$ と書くものとすると，$(f_6)^2(x) = f_4(x)$，$(f_6)^3(x) = f_6 \circ f_4(x) = f_1(x)$ なので，$f_6$ の位数は3となります．同様にして各元の位数を調べると，$f_1$ の位数は1，$f_2, f_3, f_5$ の位数は2，$f_4, f_6$ の位数は3であり，いずれもこの群の位数6の約数となっています．

このような部分巡回群の位数の性質から，位数 $d$ の有限群 $G$ の元 $a$ について，必ず以下のことが言えます．(1は単位元を表します)

$$a^d = 1 \tag{9.2}$$

これを，$n$ を法とした既約剰余群にあてはめたものが，次の**オイラーの定理**です．

$$a \text{ と } n \text{ が互いに素} \Rightarrow a^{\phi(n)} \equiv 1 \pmod{n} \tag{9.3}$$

## 9.4　フェルマーの小定理と公開鍵暗号

(9.3) 式のオイラーの定理で，$n$ を素数とすると，次の**フェルマーの小定理**が得られます．

$p$ が素数で，$a$ が $p$ の倍数ではないとき，

$$a^{p-1} \equiv 1 \pmod{p} \tag{9.4}$$

この定理は，両辺にさらに $a$ を乗じた次の形で示されることもあります．

$$p \text{ が素数} \Rightarrow a^p \equiv a \pmod{p} \tag{9.5}$$

この場合，$a$ が $p$ の倍数でないという条件は不要です．

(9.4)(9.5) 式のフェルマーの小定理は，様々な素数がらみの論証問題の黒幕となっています．例えば，次の例題9-8の最終的な結論は，(9.5) 式を使えば簡単に導くことができます．

**例題 9-8** 次の各問に答えよ．ただし，正の整数 $n$ と整数 $k$ $(0 \leqq k \leqq n)$ に対して，${}_n\mathrm{C}_k$ は正の整数である事実を使ってよい．

(1) $m$ が 2 以上の整数のとき，${}_m\mathrm{C}_2$ が $m$ で割り切れるための必要十分条件を求めよ．

(2) $p$ を 2 以上の素数とし，$k$ を $p$ より小さい正の整数とする．このとき，${}_p\mathrm{C}_k$ は $p$ で割り切れることを示せ．

(3) $p$ を 2 以上の素数とする．このとき，任意の正の整数 $n$ に対し，$(n+1)^p - n^p - 1$ は $p$ で割り切れることを示せ．

(2006 早稲田大　政経)

▽▼▽ **略解** ▽▼▽

(1) ${}_m\mathrm{C}_2 = m \cdot \dfrac{m-1}{2}$ が $m$ で割り切れる必要十分条件は，$m-1$ が偶数，すなわち，$m$ が奇数であること．

(2) ${}_p\mathrm{C}_k = \dfrac{p(p-1)(p-2)\cdots(p-k+1)}{k!}$ において，$k < p$ より分母は素数 $p$ では割り切れず，分子は $p$ で割り切れるので，${}_p\mathrm{C}_k$ は $p$ で割り切れる．

(3) $(n+1)^p - n^p - 1 = \sum_{k=0}^{p} {}_p\mathrm{C}_k n^k - n^p - 1 = \sum_{k=1}^{p-1} {}_p\mathrm{C}_k n^k$.

これは (2) より $p$ で割り切れる．

このフェルマーの小定理に関しては，ユニークな設問で話題になった京都大学の次の問題があります．

**例題 9-9** 自然数 $n$ の関数 $f(n)$，$g(n)$ を

$$f(n) = n \text{ を } 7 \text{ で割った余り},$$

$$g(n) = 3f\left(\sum_{k=1}^{7} k^n\right)$$

によって定める．

(1) すべての自然数 $n$ に対して $f(n^7) = f(n)$ を示せ．

(2) あなたの好きな自然数 $n$ を一つ決めて $g(n)$ を求めよ．その $g(n)$ の値をこの設問 (2) におけるあなたの得点とする．

(1995 京都大　文系　後期)

………………………………　▽▼▽　**略解**　▽▼▽　………………………………

(1)　$n^7 - n = n(n^2-1)(n^4+n^2+1)$
$= n(n^2-1)\{(n^2-4)(n^2-9)+14n^2-35\}$
$= (n-3)(n-2)(n-1)n(n+1)(n+2)(n+3)+7n(n^2-1)(2n^2-5)$.
連続する7つの整数には必ず7の倍数が1つ含まれるので，これは7の倍数となり，$n^7$ と $n$ を7で割った余りは等しい．

(2)　$1 \leqq n \leqq 6$ における $k^n$ および $\sum_{k=1}^{7} k^n$ を mod 7 で順次計算する．

| $n$ | $1^n$ | $2^n$ | $3^n$ | $4^n$ | $5^n$ | $6^n$ | $7^n$ | $\sum_{k=1}^{7} k^n$ |
|---|---|---|---|---|---|---|---|---|
| 1 | 1 | 2 | 3 | 4 | 5 | 6 | 0 | 0 |
| 2 | 1 | 4 | 2 | 2 | 4 | 1 | 0 | 0 |
| 3 | 1 | 1 | 6 | 1 | 6 | 6 | 0 | 0 |
| 4 | 1 | 2 | 4 | 4 | 2 | 1 | 0 | 0 |
| 5 | 1 | 4 | 5 | 2 | 3 | 6 | 0 | 0 |
| 6 | 1 | 1 | 1 | 1 | 1 | 1 | 0 | 6 |

ここで，$k^{n+6} - k^n = k^{n-1}(k^7-k) \equiv 0 \pmod 7$ より，
$f\left(\sum_{k=1}^{7} k^n\right)$ は周期6の周期関数となるので，
$n$ が6の倍数なら $g(n) = g(6) = 3f\left(\sum_{k=1}^{7} k^6\right) = 18$,
それ以外のとき $g(n) = 0$.

…………………………………………………………………………………………

この(2)の現象を説明するには，フェルマーの小定理の他に，素数 $p$ を法とした既約剰余群 $\boldsymbol{Z}_p^*$ が（位数 $p-1$ の）巡回群となるという事実が必要です．ここでは7が素数なので，$\boldsymbol{Z}_7^*$ はある元 $a$ を生成元とする位数6の巡回群となります．つまり，適当な $a$ をとると mod 7 において集合 $\{1,2,3,4,5,6\}$ と $\{a^k \mid k=1,\cdots,6\}$ は一致します．$a$ として3または5を考えればこの事実が成り立っていることは表より明らかです．

以下，7の代わりに一般の素数 $p$ で考えます．$\boldsymbol{Z}_p^*$ の生成元を $a$ とすると，任意の自然数 $n$ に対して $a^n \not\equiv 0 \pmod p$ なので，フェルマーの小定理より，

$$(a^n)^{p-1} - 1 \equiv 0 \pmod p \tag{9.6}$$

が成立します．ここで，

$$\begin{aligned}(a^n)^{p-1}-1 &= (a^n-1)\sum_{k=0}^{p-2}(a^n)^k \equiv (a^n-1)\sum_{k=1}^{p-1}(a^n)^k \\ &= (a^n-1)\sum_{k=1}^{p-1}(a^k)^n \equiv (a^n-1)\sum_{k=1}^{p-1}k^n \\ &\equiv 0 \pmod{p}\end{aligned} \tag{9.7}$$

となるため，$a^n-1\equiv 0$ となる場合，すなわち $n$ が $p-1$ の倍数となる場合を除き，$\sum_{k=1}^{p-1}k^n\equiv 0$ となるのです．この (9.7) の式変形の 2 行目において，$\boldsymbol{Z}_p^*$ が $a$ を生成元とする巡回群であるという事実を使っています．

20 世紀後半に急速に発達した情報工学の分野の中でも，特にデータ通信のプロトコルに関わる，符号化や暗号化の理論においては，様々な数論の知見が用いられています．その中でも有名なのは，オイラーの定理を応用した **RSA 暗号系**です．(歴史的にはオイラーの定理はフェルマーの小定理から導かれたので，一般にはより有名なフェルマーの小定理の応用として認知されています.)

RSA 暗号は，暗号化の鍵は公開し，復号化の鍵は非公開とする**公開鍵暗号**の一種です．ある人 (X) が自分が受信する暗号通信のための鍵を設計する際には，まず 100 桁程度の 2 つの素数 $p$, $q$ を選び，$n=pq$ とします．さらに，$(p-1)(q-1)$ と互いに素な適当な自然数 $s$ を選び，$n$ と $s$ を**公開鍵**として一般に公開します．ここで，$s$ はさほど大きい数にする必要はありません．また，$st\equiv 1 \pmod{(p-1)(q-1)}$ となる自然数 $t$（すなわち，既約剰余群 $\boldsymbol{Z}_{(p-1)(q-1)}^*$ における $s$ の逆元）を用意し，これを**秘密鍵**として $p,q$ とともに秘密にしておきます．

通信文に相当する $M$ という値を暗号化したものを $C$ とすると，X に対して送る暗号文は，公開鍵を用いて次式のように生成します．

$$C\equiv M^s \pmod{n} \tag{9.8}$$

一方 X は，秘密鍵 $t$ を用いて次のように復号化することで，通信文を読むことができます．

$$M\equiv C^t \pmod{n} \tag{9.9}$$

この (9.9) 式が成立する理由は，(9.3) 式のオイラーの定理で $a = M$ とおいた次式です．

$$M^{\phi(n)} = M^{(p-1)(q-1)} \equiv 1 \pmod{n} \tag{9.10}$$

この式と，$st \equiv 1 \pmod{(p-1)(q-1)}$ より，$C^t \equiv M^{st} \equiv M \pmod{n}$ が言えるのです．

この方式が安全な暗号だとされるのは，$n = pq$ という素因数分解を見つけることが事実上不可能であることが根拠となっています．100桁もある巨大素数を見つけることも，$\mathrm{mod}\ n$ における累乗の計算を高速に行うこともできるコンピューターが，$n$ を素因数分解するという一見単純そうな処理を現実的な計算量ではできない（より正確に言うと $\log n$ についての多項式時間では計算できない）という逆説的な状況の上に，通信の安全性は立脚しており，そのからくりにおいては間違いなく数論が「鍵」となっているのです．

# 第10章 不定方程式と連分数 〜数論アラカルト〜

今回も，前回に引き続き数論の様々なテーマに関係した問題を見ていきます．

## 10.1 ピタゴラス数とディオファントス方程式

「$x^n + y^n = z^n$，$n \geqq 3$ を満たす自然数の組 $n, x, y, z$ は存在しない」という**フェルマーの最終定理**が，フェルマーによる予想から 300 年以上の歳月を経てワイルズによって証明されたのは 20 世紀も終わりにさしかかる 1994 年のことでした．フェルマーの最終定理で扱うのは $n \geqq 3$ の場合ですが，$n = 2$ とした $x^2 + y^2 = z^2$ は**三平方の定理**（ピタゴラスの定理）の形となり，この式を満たす自然数の組は無限にあることが知られています．そのような $x, y, z$ の組のことを**ピタゴラス数**と呼びます．

ピタゴラス数のうち，$x$ と $y$ が互いに素となる場合のみを考えると，$x, y$ がともに奇数ならば $x^2 \equiv y^2 \equiv 1 \pmod 4$ より，$x^2 + y^2 \equiv 2 \pmod 4$ となりますが，これは $x^2 + y^2$ が平方数であるという事実と反し，また $x, y$ がともに偶数ならば $x$ と $y$ は互いに素ではないので，結局 $x$ と $y$ の偶奇は異なることになります．そこで，さらに $x$ が偶数であるという条件を追加すると，そのような $x, y, z$ の組は次のような一般形で表されます．

$$x = 2ab, \quad y = a^2 - b^2, \quad z = a^2 + b^2 \tag{10.1}$$

ただし，ここで $a$ と $b$ は，互いに偶奇が異なり，なおかつ互いに素な自然数であり，$a > b$ を満たすものとします．このような $a, b$ の組と，$x$ と $y$ が互いに素で $x$ が偶数となるようなピタゴラス数は 1 対 1 に対応することが知られています．例えば，$(a, b) = (2, 1)$ からは，最も有名なピタゴラス数 $(x, y, z) = (4, 3, 5)$ が得られ，$(a, b) = (3, 2)$ からは $(x, y, z) = (12, 5, 13)$ が得られます．

$(a,b)$ の組から上記条件を満たすピタゴラス数が得られることは容易にわかりますが，$(x,y,z)$ から $(a,b)$ を得る際は，$x^2+y^2=z^2$ を変形した次式を考えます．

$$\frac{x^2}{4}=\frac{z+y}{2}\cdot\frac{z-y}{2} \tag{10.2}$$

$x$ は偶数なので，両辺は平方数となり，$\dfrac{z+y}{2}$ と $\dfrac{z-y}{2}$ は互いに素なのでいずれも平方数となります．そこで，これらを $a^2$，$b^2$ と置くことで互いに素な $a,b$ の組が得られるのです．

次の例題10-1は，このピタゴラス数の一般形（$x^2+y^2=z^2$ の一般解）の考え方を，三角関数が全て有理数となる場合に応用したものです．

**例題 10-1**　$\tan\dfrac{x}{2}=t$ とおいて $\sin x=\dfrac{2t}{1+t^2}$，$\cos x=\dfrac{1-t^2}{1+t^2}$，$\tan x=\dfrac{2t}{1-t^2}$ を導け．この結果を利用して次の(1)(2)が成立することを示せ．

(1)　$\tan\dfrac{x}{2}$ が有理数になるための必要十分条件は，$\sin x$，$\cos x$ がともに有理数になることである．ただし $x$ は $|x|<\pi$ とする．

(2)　(1)の $x$ が，各辺の長さが整数である直角三角形の直角でない一つの角の大きさであるとき，各辺の長さの比は $q^2+p^2$，$2pq$，$q^2-p^2$（$q$，$p$ は互いに素な整数で $q>p>0$）の比で表される．

（同志社大　工）

▽▼▽　**略解**　▽▼▽

$x=2\theta$ とおくと，$t=\tan\theta$．

$$\frac{2t}{1+t^2}=\frac{2\sin\theta\cos\theta}{\cos^2\theta+\sin^2\theta}=\sin 2\theta=\sin x,$$

$$\frac{1-t^2}{1+t^2}=\frac{\cos^2\theta-\sin^2\theta}{\cos^2\theta+\sin^2\theta}=\cos 2\theta=\cos x,$$

$$\tan x=\frac{\sin x}{\cos x}=\frac{2t}{1-t^2}$$

(1)　上記より $t$ が有理数なら $\sin x$，$\cos x$ も有理数．

また，$\sin x=\dfrac{2}{1+t^2}t=\dfrac{(1+t^2)+(1-t^2)}{1+t^2}t=(1+\cos x)t$ より，

$t = \dfrac{\sin x}{1+\cos x}$ であり，$|x| < \pi$ より $\cos x \neq -1$ なので，
$\sin x$，$\cos x$ が共に有理数なら $t$ も有理数．

(2)　当該直角三角形の斜辺の長さを $c$，斜辺と角度 $x$ をなす辺の長さを $a$，
もう 1 つの辺の長さを $b$ とおく．
$0 < x < \dfrac{\pi}{2}$ より，$0 < \tan\dfrac{x}{2} < 1$ であり，
$\sin x = \dfrac{b}{c}$，$\cos x = \dfrac{a}{c}$ が共に有理数なので，(1) より

$$t = \tan\frac{x}{2} = \frac{p}{q}\quad (p \text{ と } q \text{ は互いに素な整数で } q > p > 0)$$

とおける．
$c : b : a = 1 : \sin x : \cos x = 1 + t^2 : 2t : 1 - t^2 = q^2 + p^2 : 2pq : q^2 - p^2$

………………………………………………………………………………………

この $x^2 + y^2 = z^2$ や，フェルマーの最終定理で扱う式のように，複数の変数を持ち解が一意に決まらないような方程式を**不定方程式**と呼び，その中でも，係数や指数が全て整数で，整数解や有理数解のみを問題にするような場合については，その方程式は**ディオファントス方程式**と呼ばれます．様々なディオファントス方程式の解を求めることは，古来数論の大きなテーマの 1 つとなっています．

## 10.2　ペル方程式と二次体

ディオファントス方程式の中で，入試問題の素材として比較的よく用いられるものに，次式のような**ペル方程式**というものがあります．

$$x^2 - my^2 = 1 \tag{10.3}$$

このペル方程式について理解するためには，まず**二次体**というものを考える必要があります．一般にある**代数的数**（代数方程式の解となる数）$\xi$ を選んで，$\xi$ と自然数から四則演算のみによって得られる数の集合を作ると，それは**体**をなします．そのようにして得られた体は有理数体に対する**単純拡大体**であり，添加した $\xi$ を用いて $K(\xi)$ と呼びます．二次体とは，この $\xi$ として，整係数の二次方程式の解であって有理数でないような値を選んだ場合の $K(\xi)$ のことを

言います．さらに，この $\xi$ が平方因数を持たないある整数 $m$ を用いて一般に $\xi=\dfrac{a+b\sqrt{m}}{c}$ ($a,b,c$ は整数) と表せることから，$K(\sqrt{m})$ を考えれば，全ての二次体を網羅できます．

$K(\sqrt{m})$ について議論する場合は，「**整数**」は通常の整数とは異なる意味で用います．$m\not\equiv 1 \pmod 4$ の場合は $a+b\sqrt{m}$，$m\equiv 1 \pmod 4$ の場合は $\dfrac{a+b\sqrt{m}}{2}$ が，$K(\sqrt{m})$ における整数となります．ここで，$a,b$ は通常の意味での整数です．$K(\sqrt{m})$ を扱う場合，通常の意味での整数のことは**有理整数**と呼びます．

$K(\sqrt{m})$ に含まれる数 $\alpha$ は，有理数 $r,s$ を用いて一般に $\alpha=r+s\sqrt{m}$ と表されますが，これに対し $\overline{\alpha}=r-s\sqrt{m}$ のことを $\alpha$ の**共役**といいます．さらに，$N(\alpha)=\alpha\overline{\alpha}$ のことを $\alpha$ の**ノルム**と呼びます．$m$ が負の整数の場合はこのノルムは $\alpha$ の絶対値の2乗となり，必ず正の値となりますが，$m$ が正の整数の場合はそうとは限りません．一般にノルムには

$$N(\alpha\beta)=N(\alpha)N(\beta) \tag{10.4}$$

という性質があります．ノルムが1または $-1$ となるような数のことを**単数**といいます．

さて，あらためて(10.3)式のペル方程式について考えると，この方程式の有理数解 $x,y$ を求めることは，$K(\sqrt{m})$ においてノルムが1となる単数 $x+y\sqrt{m}$ を求めることに他なりません．ここで，(10.3)式の2組の解を $(x_1,y_1)$，$(x_2,y_2)$ として，$\alpha=x_1+y_1\sqrt{m}$，$\beta=x_2+y_2\sqrt{m}$ と置くと，(10.4)式より，$N(\alpha\beta)=1$ となるため，$\alpha\beta=x_3+y_3\sqrt{m}$ を満たす $(x_3,y_3)$ も(10.3)式の解となります．このような関係から，ペル方程式は様々な論証問題の題材となるのです．

例題10-2には明示的にはペル方程式は出現しませんが，$K(\sqrt{3})$ のノルムが1の単数 $2-\sqrt{3}$ は，何乗してもノルムは1であることを踏まえた出題となっており，ペル方程式 $x^2-3y^2=1$ の解 $x,y$ を用いると，自然数 $m$ は $\sqrt{m}=x$，$\sqrt{m-1}=y\sqrt{3}$ を満たします．

**例題 10-2** 自然数 $n = 1, 2, 3, \cdots$ に対して，$(2-\sqrt{3})^n$ という形の数を考える．これらの数はいずれも，それぞれ適当な自然数 $m$ が存在して $\sqrt{m} - \sqrt{m-1}$ という表示をもつことを示せ． (東工大)

▽▼▽ **略解** ▽▼▽

任意の自然数 $n$ に対し，自然数の組 $a_n, b_n$ が存在し，$(2 \pm \sqrt{3})^n = a_n \pm b_n\sqrt{3}$ となることを，数学的帰納法で証明する．
(i) $n = 1$ のとき，$(a_1, b_1) = (2, 1)$ で成立．
(ii) $n = k$ で成立するなら，$(2 \pm \sqrt{3})^k = a_k \pm b_k\sqrt{3}$ となる自然数の組 $a_k, b_k$ が存在する．
$(2 \pm \sqrt{3})^{k+1} = (a_k \pm b_k\sqrt{3})(2 \pm \sqrt{3}) = 2a_k + 3b_k \pm (a_k + 2b_k)\sqrt{3}$ より，
$(a_{k+1},\ b_{k+1}) = (2a_k + 3b_k,\ a_k + 2b_k)$ として $n = k+1$ でも命題は成立．
(i)(ii) より，任意の自然数 $n$ に対し $(2 \pm \sqrt{3})^n = a_n \pm b_n\sqrt{3}$ となる自然数の組 $a_n, b_n$ が存在する．

$(2-\sqrt{3})^n(2+\sqrt{3})^n = (a_n - b_n\sqrt{3})(a_n + b_n\sqrt{3}) = {a_n}^2 - 3{b_n}^2$ であり，
$(2-\sqrt{3})^n(2+\sqrt{3})^n = \{(2-\sqrt{3})(2+\sqrt{3})\}^n = 1$ より，$3{b_n}^2 = {a_n}^2 - 1$．
$m = {a_n}^2$ とおくと，
$(2-\sqrt{3})^n = a_n - b_n\sqrt{3} = \sqrt{{a_n}^2} - \sqrt{3{b_n}^2} = \sqrt{m} - \sqrt{m-1}$．

二次体 $K(\sqrt{m})$ において，

$$X + Y\sqrt{m} = (a + b\sqrt{m})(x + y\sqrt{m}) \tag{10.5}$$

のように定数 $a + b\sqrt{m}$ を掛ける操作は，

$$\begin{pmatrix} X \\ Y \end{pmatrix} = \begin{pmatrix} a & bm \\ b & a \end{pmatrix} \begin{pmatrix} x \\ y \end{pmatrix} \tag{10.6}$$

のようにベクトルに行列を掛ける操作とみなすことができます．そのため，ペル方程式が行列とセットで出現する問題もしばしば出題されます．次の例題では，$K(\sqrt{3})$ において，ノルムが 1 の単数のうち $\sqrt{3}$ の係数が正となるものが，全て $2 + \sqrt{3}$ のべき乗で表されることを，行列を用いて証明しています．

**例題 10-3**　$A = \begin{pmatrix} 2 & 3 \\ 1 & 2 \end{pmatrix}$ とする．以下の問いに答えよ．

(1)　ベクトル $\begin{pmatrix} x \\ y \end{pmatrix}$ に対し $\begin{pmatrix} x_1 \\ y_1 \end{pmatrix} = A^{-1} \begin{pmatrix} x \\ y \end{pmatrix}$ とおく．
$x^2 - 3y^2 = 1$ ならば ${x_1}^2 - 3{y_1}^2 = 1$ であることを示せ．

(2)　等式 $x^2 - 3y^2 = 1$ を満たす正の整数 $x, y$ に対して
$\begin{pmatrix} x_1 \\ y_1 \end{pmatrix} = A^{-1} \begin{pmatrix} x \\ y \end{pmatrix}$ とおけば $y > y_1 \geqq 0$ が成り立つことを示せ．

(3)　数列 $\{a_n\}$，$\{b_n\}$ を $\begin{pmatrix} a_n \\ b_n \end{pmatrix} = A^n \begin{pmatrix} 1 \\ 0 \end{pmatrix}$ $(n = 1, 2, \cdots)$ によって定めると，等式

$$(2 + \sqrt{3})^n = a_n + b_n\sqrt{3} \quad (n = 1, 2, \cdots)$$

が成り立つことを示せ．

(4)　等式 $x^2 - 3y^2 = 1$ を満たす正の整数の組 $(x, y)$ は (3) で与えられた整数の組 $(a_n, b_n)$ $(n = 1, 2, \cdots)$ のどれかに等しいことを証明せよ．

（1995 明治大　理工）

▽▼▽　**略解**　▽▼▽

(1)　$\begin{pmatrix} x_1 \\ y_1 \end{pmatrix} = \begin{pmatrix} 2 & -3 \\ -1 & 2 \end{pmatrix} \begin{pmatrix} x \\ y \end{pmatrix}$ より，
${x_1}^2 - 3{y_1}^2 = (2x - 3y)^2 - 3(-x + 2y)^2 = x^2 - 3y^2$.

(2)　(1) で $x > 0$，$y > 0$ とする．$x^2 = 3y^2 + 1$ より，
$x > 1$，$x > y\sqrt{3}$，$x_1 = 2x - 3y > (2\sqrt{3} - 3)y > 0$.
$y_1 = -x + 2y = 2y - \sqrt{3y^2 + 1}$ において，$f(y) = 2y - \sqrt{3y^2 + 1}$ とおくと，
$y > 0$ では $f'(y) = 2 - \dfrac{6y}{2\sqrt{3y^2 + 1}} > 2 - \sqrt{3} > 0$ と，$f(1) = 0$ より，
$y \geqq 1$ では $y_1 = f(y) \geqq 0$.
$y - y_1 = x - y > (\sqrt{3} - 1)y > 0$ より，$y > y_1 \geqq 0$.

(3)　$\begin{pmatrix} a_1 \\ b_1 \end{pmatrix} = \begin{pmatrix} 2 \\ 1 \end{pmatrix}$ より，$a_1 + b_1\sqrt{3} = 2 + \sqrt{3}$.

$n = k$ で成立するとき，$\begin{pmatrix} a_{k+1} \\ b_{k+1} \end{pmatrix} = A \begin{pmatrix} a_k \\ b_k \end{pmatrix}$ より，
$a_{k+1} + b_{k+1}\sqrt{3} = (2a_k + 3b_k) + (a_k + 2b_k)\sqrt{3} = (2 + \sqrt{3})(a_k + b_k\sqrt{3})$
$= (2 + \sqrt{3})^{k+1}$.
よって，$n = k + 1$ でも成立．(数学的帰納法)

(4) $\begin{pmatrix} p_0 \\ q_0 \end{pmatrix} = \begin{pmatrix} x \\ y \end{pmatrix}$，$\begin{pmatrix} p_n \\ q_n \end{pmatrix} = A^{-n}\begin{pmatrix} x \\ y \end{pmatrix}$（$n$ は自然数）とすると，
非負整数 $n$ に対して $p_n$，$q_n$ は整数．
ここで，$q_1, \cdots, q_y$ がいずれも正の整数だと仮定すると，(2) より帰納的に $p_1, \cdots, p_y$ はいずれも正で，なおかつ $q_0 > q_1 > q_2 > \cdots > q_y$ となるが，
$q_0, \cdots, q_y$ はいずれも整数なので，明らかに $q_y \leqq q_0 - y = 0$ となり，矛盾．
よって，$q_1, \cdots, q_y$ の中には，正でないものが存在する．
$q_n \leqq 0$ となる最小の自然数 $n$ を $N$ とおくと，$p_{N-1}$ と $q_{N-1}$ はいずれも正なので，
$p_N > 0$，$q_N \geqq 0$ となり，$q_N \leqq 0$ より $q_N = 0$，$p_N = 1$．
よって，$\begin{pmatrix} 1 \\ 0 \end{pmatrix} = A^{-N}\begin{pmatrix} x \\ y \end{pmatrix}$，$\begin{pmatrix} x \\ y \end{pmatrix} = A^{N}\begin{pmatrix} 1 \\ 0 \end{pmatrix} = \begin{pmatrix} a_N \\ b_N \end{pmatrix}$．

## 10.3 レピュニット数と循環小数

昨年の東京大学の入試に，次のような問題が出題されています．

> **例題 10-4** 自然数 $n$ に対し，$\dfrac{10^n - 1}{9} = \overbrace{111\cdots111}^{n\text{個}}$ を $\boxed{n}$ で表す．
> たとえば $\boxed{1} = 1$，$\boxed{2} = 11$，$\boxed{3} = 111$ である．
> (1) $m$ を 0 以上の整数とする．$\boxed{3^m}$ は $3^m$ で割り切れるが，$3^{m+1}$ では割り切れないことを示せ．
> (2) $n$ が 27 で割り切れることが，$\boxed{n}$ が 27 で割り切れるための必要十分条件であることを示せ．
>
> （2008 東京大　理系）

▽▼▽ **略解** ▽▼▽

(1) $10 \equiv 1 \pmod 9$ より，任意の非負整数 $n$ に対して $10^n \equiv 1 \pmod 9$ である．
これを利用し，与えられた命題を数学的帰納法で証明する．

(i) $m = 0$ のとき，$\boxed{3^m} = \boxed{1} = 1$ は $3^0 = 1$ で割り切れるが，$3^1 = 3$ では割り切れないので，成立．

(ii) $m = k$ で成立するとき，$\boxed{3^k}$ は $3^k$ で割り切れるが，$3^{k+1}$ では割り切れない．

$\boxed{3^{k+1}} = \dfrac{10^{3^{k+1}} - 1}{9}$

$$= \frac{10^{3\cdot 3^k} - 10^{2\cdot 3^k}}{9} + \frac{10^{2\cdot 3^k} - 10^{3^k}}{9} + \frac{10^{3^k} - 1}{9}$$
$$= (10^{2\cdot 3^k} + 10^{3^k} + 1)\frac{10^{3^k} - 1}{9}$$
$$= (10^{2\cdot 3^k} + 10^{3^k} + 1)\cdot \boxed{3^k}.$$

ここで，$10^{2\cdot 3^k} + 10^{3^k} + 1 \equiv 3 \pmod 9$ より，
$10^{2\cdot 3^k} + 10^{3^k} + 1$ は 3 で割り切れるが $3^2$ では割り切れず，
$\boxed{3^k}$ は $3^k$ で割り切れるが $3^{k+1}$ では割り切れないので，
両者の積である $\boxed{3^{k+1}}$ は $3^{k+1}$ で割り切れるが $3^{k+2}$ では割り切れないことになり，
$m = k+1$ でも成立．
(i)(ii) より，与命題は $m$ が 0 以上の任意の整数のとき成立する．

(2)　(i)　$n$ が 27 で割り切れるとき，$n = 27k$ とおくと，

$$\boxed{n} = \boxed{27k} = \sum_{i=0}^{27k-1} 10^i = \sum_{j=0}^{k-1}\sum_{i=0}^{26} 10^{27j+i} = \left(\sum_{j=0}^{k-1} 10^{27j}\right)\left(\sum_{i=0}^{26} 10^i\right)$$
$$= \left(\sum_{j=0}^{k-1} 10^{27j}\right)\cdot \boxed{3^3}.$$

$\boxed{3^3}$ は 27 で割り切れるので，$\boxed{n}$ も 27 で割り切れる．

(ii)　$\boxed{n}$ が 27 で割り切れるとき，

$\boxed{n} = \sum_{i=0}^{n-1} 10^i \equiv n \pmod 9$ より，$n$ は 9 の倍数なので，$n = 9k$ とおくと，

$$\boxed{n} = \boxed{9k} = \sum_{i=0}^{9k-1} 10^i = \sum_{j=0}^{k-1}\sum_{i=0}^{8} 10^{9j+i} = \left(\sum_{j=0}^{k-1} 10^{9j}\right)\left(\sum_{i=0}^{8} 10^i\right)$$
$$= \left(\sum_{j=0}^{k-1} 10^{9j}\right)\cdot \boxed{3^2}.$$

ここで，$\boxed{3^2}$ は 9 で割り切れるが 27 では割り切れないので，

$\boxed{n}$ が 27 で割り切れることより $\sum_{j=0}^{k-1} 10^{9j}$ は 3 の倍数．

$\sum_{j=0}^{k-1} 10^{9j} \equiv k \pmod 9$ より $k$ も 3 の倍数となり，$n = 9k$ は 27 の倍数．

……………………………………………………………………………………

この問題で扱っている 1，11，111 のような，十進法で 1 のみが並んでいる自然数のことを，**レピュニット数**（rep-unit(=repeated unit) 数）と呼びます．レピュニット数は**循環小数**の性質とも深い関わりがあります．

以下，$n$ 桁のレピュニット数を $R_n$ と表すものとします．また，素因数分解

した時に 2 と 5 以外の素数が出現するような自然数 $n$ に対し，$1/n$ を循環小数で表したときの**循環節**（繰り返しの最小単位）の長さを $l_n$ とします．このとき $n$ が 2 の倍数でも 5 の倍数でもないとするなら，$10^{l_n}-1$ は $n$ の倍数となります．また，$10^{l_{9n}}-1$ は $9n$ の倍数となるので，$R_{9n}=\dfrac{10^{l_{9n}}-1}{9}$ は $n$ の倍数です．つまり，2 の倍数でも 5 の倍数でもない任意の自然数を 1 つ選ぶと，必ずその数を約数として持つレピュニット数が存在することになります．

$p$ を 2，5 以外の素数とすると，フェルマーの小定理より $10^{p-1}-1$ は $p$ の倍数となることから，$l_p$ は $p-1$ の約数となり，$p=3$ の場合を除き $R_{p-1}$ は $p$ の倍数となります．

例えば，$1/7=0.\dot{1}4285\dot{7}$ の循環節の長さは 6 で，$R_6=111111$ は 7 で割り切れます．また，$1/4649=0.\dot{0}00215\dot{1}$ の循環節の長さは 7 ですが，この 7 は $4649-1=4648$ の約数であり，また，$l_{4649}=7$ であることは $R_7=1111111$ が 4649 を素因数として持つことを意味します．もちろん，4648 が 7 の倍数である以上，$R_{4648}$ も 4649 の倍数です．このあたりの話は，少しひねると面白い論証問題が色々と作れそうです．

## 10.4 ユークリッドの互除法と連分数

実数の値（ないしその近似値）を表現する方法として，だれにでもなじみの深いのは**十進（無限）小数表現**でしょう．また，計算機の世界では，二進小数表現も用いられます．しかし，それら $n$ 進法による表現には，無理やり恣意的な枠にはめて切り取ったという感があり，数の本質を捉えているとは言い難いところがあります．それに対し，数論の世界ではよく登場する**連分数**による表現は，有理数についての有限連分数，無理数についての無限連分数のいずれにおいても，その数の数論的な性質と関係の深い表現となっています．もちろん，数の大小を直感的に把握するには $n$ 進数表現の方が優れている部分もありますが，数論の分野では連分数表現も欠かせない表現方法です．

まずは，有限連分数について見ていきます．有限連分数は，有理数 $x$ を $N+1$ 個の整数の列 $a_0$, $a_1$, $\cdots$, $a_N$（ただし，$a_0$ 以外は全て正で，$a_N \neq 1$）を用いて次のように表すものです．

$$x = a_0 + \cfrac{1}{a_1 + \cfrac{1}{a_2 + \cfrac{1}{\ddots a_{N-1} + \cfrac{1}{a_N}}}} \tag{10.7}$$

$a_0$, $\cdots$, $a_N$ のことを，この連分数の**部分商**と呼びます．また分数の形を毎回書くのは大変なので，この連分数は部分商を用いて $[a_0, a_1, \cdots, a_N]$ とも書きます．

有理数 $x = \dfrac{P}{Q}$（$P, Q$ は整数で，$Q > 0$）から連分数を構築する際は，最大公約数を求めるアルゴリズムでもある**ユークリッドの互除法**を $P, Q$ について行えば，その過程で順次部分商が得られます．まず $b_0 = P$，$b_1 = Q$ とおき，$b_0$ を $b_1$ で割った商を $a_0$，余りを $b_2$ とします．以下同様に，$b_k$ を $b_{k+1}$ で割った商を $a_k$，余りを $b_{k+2}$ とする操作を繰り返し，最終的に余りが 0 になった時の $k$ を $N$ とします．この方法により，ある有理数に対応する連分数表現は 1 通りに定まることになります．

連分数 $[a_0, a_1, \cdots, a_N]$ に対して，$[a_0, a_1, \cdots, a_n]$（$0 \leqq n \leqq N$）のことを，**中間近似分数**と呼び，$n$ が $N$ に近づくにつれ本来の値に近づいていきます．例題 10-5 では，最終形の直前の中間近似分数を用いて，$\alpha x - \beta y = \gamma$ という形のディオファントス方程式の解を求める手法を扱っています．

**例題 10-5** (1) $\alpha,\ \beta$ を互いに素な正の整数とする．

(i) $\alpha x-\beta y=0$ の整数解をすべて求めよ．

(ii) $\dfrac{\alpha}{\beta}=a_1+\cfrac{1}{a_2+\cfrac{1}{a_3+\cfrac{1}{a_4}}}$

($a_1$，$a_2$，$a_3$，$a_4$ は正の整数) と書けるとする．

$a_1+\cfrac{1}{a_2+\cfrac{1}{a_3}}$ を通分して得られる分子 $a_1a_2a_3+a_1+a_3$ を $p$,

分母 $a_2a_3+1$ を $q$ とするとき，$\alpha q-\beta p$ の値を求めよ．

(2) $157x-68y=3$ の整数解をすべて求めよ． (早稲田大 理工)

▽▼▽ **略解** ▽▼▽

(1) (i) $(x,\ y)=(\beta m,\ \alpha m)$ ($m$ は任意の整数)．

(ii) $$\frac{\alpha}{\beta}=a_1+\cfrac{1}{a_2+\cfrac{1}{a_3+\cfrac{1}{a_4}}}=\frac{a_1a_2a_3a_4+a_1a_2+a_1a_4+a_3a_4+1}{a_2a_3a_4+a_2+a_4}.$$

よって，ある正の整数 $k$ を用いて，

$k\alpha=a_1a_2a_3a_4+a_1a_2+a_1a_4+a_3a_4+1$，$k\beta=a_2a_3a_4+a_2+a_4$ とおける．

$k(\alpha q-\beta p)$

$=(a_1a_2a_3a_4+a_1a_2+a_1a_4+a_3a_4+1)(a_2a_3+1)-(a_2a_3a_4+a_2+a_4)(a_1a_2a_3+a_1+a_3)$

$=1$ より，$k=1$，$\alpha q-\beta p=1$.

(2) 157 と 68 は互いに素. $\dfrac{157}{68}$ を連分数で表すと，

$$\frac{157}{68}=2+\cfrac{1}{3+\cfrac{1}{4+\cfrac{1}{5}}}$$

これを (ii) にあてはめると，$p=30$，$q=13$ となり，

$\alpha q-\beta p=157\cdot 13-68\cdot 30=1$.

これを 3 倍すると $157\cdot 39-68\cdot 90=3$ となるので，$(x,y)=(39,90)$ が解の 1 つとなり，方程式は，$157(x-39)-68(y-90)=0$ と変形できる．

(i) より $(x-39,\ y-90)=(68m,\ 157m)$

$(x,\ y)=(39+68m,\ 90+157m)$ ($m$ は任意の整数)．

無理数を無限連分数で表現する場合の部分商を得るアルゴリズムも，有理数の場合と基本的には同じです．ただし前述の例では，除数⇒被除数，余り⇒除数というようにシフトさせながら部分商を求めていくという互除法をなぞった表現としていましたが，無理数の場合は分数で表されないので，もとの値から整数部分を部分商として取り除いては，残りの逆数をとるという操作を繰り返すことになります．

$x$ の連分数表現を求める場合は，まず $a_0 = [x]$，$\xi_0 = x - a_0$ とします．以降は，$a_k = [1/\xi_{k-1}]$，$\xi_k = (1/\xi_{k-1}) - a_k$ という操作を繰り返すことで，順次部分商 $a_0$, $a_1$, $\cdots$ を求めます．$x$ が有理数の場合は途中で $\xi_k = 0$ となって終了しますが，無理数の場合はこの操作が無限に続き，順次得られる中間近似分数の列が $x$ に収束することになります．

実は連分数は，有理数よりも無理数を表す場合に特に意味を持ちます．無限小数表現では，有理数の場合に循環小数となりましたが，無限連分数では，表現する数が整係数の2次方程式の解となる無理数であることと，連分数が循環することが同値となります．例えば，$\sqrt{3}$ を無限連分数で表すと，次のように途中から1と2が交互に出現する**循環連分数**となります．

$$\sqrt{3} = 1 + \cfrac{1}{1 + \cfrac{1}{2 + \cfrac{1}{1 + \cfrac{1}{2 + \cdots}}}} \tag{10.8}$$

この循環連分数は，循環小数の場合と同様，循環節の始点と終点の上にドットを付加した $[1, \dot{1}, \dot{2}]$ のような書き方で表すこともあります．

次の例題10-6は，(1) で循環連分数を取り上げ，(2)(3) では有理数の場合には循環せずに終了することを互除法の考え方で確認しています．ただし，この問題で部分商 $a_n(x)$ を求めているのは，$x$ ではなく $1/x$ の連分数表現であることに注意して下さい．

**例題 10-6**　$x$ は $0 < x < 1$ を満たす実数とする．$x$ の逆数 $\dfrac{1}{x}$ の整数部分を $a_1(x)$，小数部分を $b_1(x)$ とする．もし，$b_1(x) \neq 0$ ならば，$b_1(x)$ の逆数の整数部分を $a_2(x)$，小数部分を $b_2(x)$ とする．以下同様に，$b_n(x) \neq 0$ ならば，$b_n(x)$ の逆数の整数部分を $a_{n+1}(x)$，小数部分を $b_{n+1}(x)$ $(n = 2, 3, \cdots)$ とする．

ただし，実数の整数部分とはその実数を超えない最大の整数，小数部分とはその実数から整数部分を引いた数である．このとき，次の問に答えよ．

(1)　$x = \dfrac{3-\sqrt{5}}{2}$ に対して，$a_n(x)$ $(n = 1, 2, 3, \cdots)$ を求めよ．

(2)　$p,\ q\ (p > q)$ を 1 以外に公約数をもたない自然数とする．
$x = \dfrac{q}{p}$ に対して，$b_1(x) = \dfrac{r}{q}$ と表す．
もし，$r \neq 0$ ならば，$q$ と $r$ も 1 以外に公約数をもたないことを示せ．

(3)　$x$ が有理数ならば，ある $n$ に対して $b_n(x) = 0$ となることを示せ．　(2008 大阪教育大)

▽▼▽　**略解**　▽▼▽

(1)　$\dfrac{1}{x} = \dfrac{3+\sqrt{5}}{2}$ より，$a_1(x) = 2$，$b_1(x) = \dfrac{\sqrt{5}-1}{2}$，$\dfrac{1}{b_1(x)} = \dfrac{\sqrt{5}+1}{2}$，
$a_2(x) = 1$，$b_2(x) = \dfrac{\sqrt{5}-1}{2}$，
以降 $b_2(x) = b_3(x) = \cdots$ となるので，$a_n(x) = \begin{cases} 2\ (n=1) \\ 1\ (n \geqq 2) \end{cases}$．

(2)　$a_1(x) = \dfrac{1}{x} - b_1(x) = \dfrac{p-r}{q}$．
もし $q$ と $r$ が公約数 $m$ を持つなら，$q = mq'$，$r = mr'$ であり，
$p = qa_1(x) + r = m(q'a_1(x) + r')$ より，$p$ と $q$ も公約数 $m$ を持つことになり矛盾．

(3)　$b_n(x)$ を既約分数で表すと，(2) より，$b_{n+1}(x)$ の分母は $b_n(x)$ の分子となるので，$b_n(x) = \dfrac{r_n}{r_{n-1}}$ とおくことができ，$0 \leqq b_n(x) < 1$ より，$r_n$ は $n$ について単調減少．$r_n$ は $\dfrac{1}{b_{n-1}}$ が整数にならない限り，すなわち，$r_{n-1} = 1$ とならない限り自然数なので，ある $n$ で $r_{n-1} = 1$ となり，そのとき $b_n(x) = 0$ となる．

連分数の中でも，最も有名なものは，次の循環連分数でしょう．

$$\frac{\sqrt{5}+1}{2} = 1 + \cfrac{1}{1 + \cfrac{1}{1 + \cfrac{1}{1 + \cfrac{1}{1 + \cdots}}}} \tag{10.9}$$

この $[\,\dot{1}\,]$ という実にシンプルな形で表される連分数から得られる $\dfrac{\sqrt{5}+1}{2}$ は**黄金比**と呼ばれる値であり，中間近似分数を順次既約分数で表すと，分母分子に隣接する**フィボナッチ数**が現れます．この連分数はまさにザ・数論という象徴的な存在となっていますが，もちろんフィボナッチ数列自体は，今まで取り上げた様々なジャンルの問題の中にもそこかしこに顔を出しています．

# 第11章 組合せ論と母関数 ～数え上げの技術～

**組合せ論**は，本質的に，与えられた条件に従って「**場合の数**」を漏れなく重複なく数え上げることを目的とした分野です．高校数学でも，**順列**${}_n\mathrm{P}_r$ や，**組合せ**${}_n\mathrm{C}_r$ を基本として，様々なケースを取り扱いますが，何かの計算をしたり方程式を解くような，ゴールに向かって一直線のものとは異なるため，少し条件が変わるとどこから着手してよいかわからず，この分野を苦手とする学生も多いようです．

大学以降で組合せ論を扱う場合も，「漏れなく重複なく場合の数を数える」という基本は変わりませんが，各ケースの条件の特徴を利用してスマートに場合の数を把握するための道具立てとして**母関数**というものがよく用いられます．また，いくつかの定番の数列が，漸化式等で共通の特徴を持つケースで度々出現します．

## 11.1 数列の母関数と二項定理

母関数は，必ずしも組合せ論だけで出現するものではなく，一般の**数列**について用いられる概念です．ある無限数列 $\{a_n\}$ $(n=0,1,2,\cdots)$ に対して，その母関数 $G(x)$ は，(11.1) 式のような**べき級数**として形式的に定義されます．

$$G(x)=\sum_{n=0}^{\infty}a_nx^n \tag{11.1}$$

一般に，このべき級数は $|x|$ が十分小さい時は収束し，ある値より大きくなると発散しますが，母関数を考える際はその収束半径については気にせず，常に「$|x|$ が十分小さい場合」のみを扱っていると見なします．したがって，母関数に対し，$|x|$ が十分小さい場合に成立する式変形を施すことはできますが，定義域を定めないので，$x$ に 0 以外の具体的な値を代入するということは行い

ません．母関数が「形式的に定義される」と書いたのは，このあたりの事情によるものです．

(11.1) 式は，$G(x)$ 先にありきで考えると，$G(x)$ の**マクローレン展開**における係数列として $\{a_n\}$ が定義されているとみなすことができます．また，ここでは $\{a_n\}$ は無限数列としましたが，$n = 0, 1, \cdots, N$ で定義される有限数列の場合も，$n \geqq N + 1$ では $a_n = 0$ とみなすことで，無限数列と同様に扱えます．

いくつか簡単な具体例を挙げます．$a_n$ を常に同じ値 $a$ をとる無限数列，すなわち $a_n = a \ (n = 0, 1, \cdots)$ とすると，$\{a_n\}$ の母関数は次のように表されます．

$$G(x) = \sum_{n=0}^{\infty} ax^n = \frac{a}{1-x} \tag{11.2}$$

一方，$\{a_n\}$ が有限数列 $a_n = a \ (n = 0, 1, \cdots, N)$ である場合は，母関数も次のように変化します．

$$G(x) = \sum_{n=0}^{N} ax^n = \frac{a(1-x^{n+1})}{1-x} \tag{11.3}$$

組合せ論においては，整数値をとるパラメータにより変化する個数を扱う場合が多いので，それを数列とみなして母関数を考え，その個数についての性質を母関数の性質に置き換えることで，見通しがよくなることはよくあります．組合せ論における母関数の最も簡単な例は，次の**二項定理**の式に現れます．

$$(1+x)^n = \sum_{k=0}^{n} {}_n\mathrm{C}_k x^k \tag{11.4}$$

この二項定理の式は，$n$ 個の物から $r$ 個を選ぶ組合せの数を $r$ をパラメータとする数列とみなした $\{{}_n\mathrm{C}_k\} \ (k = 0, 1, \cdots, n)$ の母関数が，$(1+x)^n$ であることを意味しているのです．

ある数列の母関数がわかっていると，その母関数を変形することで，他の数列の母関数を得ることができます．単純な加算や定数倍だけでなく，たとえば (11.1) 式を微分することで，次のように $\{a_n\}$ の母関数から $\{(n+1)a_{n+1}\}$ の母関数を得ることができます．

$$\begin{aligned} G'(x) &= \sum_{n=1}^{\infty} na_n x^{n-1} \\ &= \sum_{n=0}^{\infty} (n+1)a_{n+1} x^n \end{aligned} \tag{11.5}$$

次の２つの例題は，(11.4) 式の二項係数の母関数を変形することで，他の数列の母関数を導いている問題とみなすことができます．ただし，ここで扱っているのは有限数列であり，母関数は無限級数とはならず定義域が問題とならないため，$x$ に 0 以外の値を代入することができます．

**例題 11-1**　$(1+2x)^n$ の展開式を利用して，

$2\,{}_n\mathrm{C}_1 + 2\cdot 2^2\,{}_n\mathrm{C}_2 + 3\cdot 2^3\,{}_n\mathrm{C}_3 + \cdots + n\cdot 2^n\,{}_n\mathrm{C}_n$

の和を求めよ．　(神奈川大　工)

▽▼▽　**略解**　▽▼▽

二項定理より，$(1+2x)^n = \sum_{k=0}^{n} {}_n\mathrm{C}_k 2^k x^k$.

両辺を微分して，$2n(1+2x)^{n-1} = \sum_{k=1}^{n} k\cdot {}_n\mathrm{C}_k 2^k x^{k-1}$.

$x=1$ を代入すると，$2n\cdot 3^{n-1} = \sum_{k=1}^{n} k\cdot 2^k\,{}_n\mathrm{C}_k$.

この右辺が求める和を表すので，左辺が答え．

**例題 11-2**　$n$ が正の整数のとき，$\sum_{k=0}^{n} k^2\,{}_n\mathrm{C}_k$ の値を計算せよ．

(法政大　工)

▽▼▽　**略解**　▽▼▽

二項定理より，$(1+x)^n = \sum_{k=0}^{n} {}_n\mathrm{C}_k x^k$.

両辺を微分して，$n(1+x)^{n-1} = \sum_{k=1}^{n} k\cdot {}_n\mathrm{C}_k x^{k-1}$.

両辺に $x$ をかけて，$nx(1+x)^{n-1} = \sum_{k=1}^{n} k\cdot {}_n\mathrm{C}_k x^k$.

さらに両辺を微分して，$n(1+x)^{n-1} + n(n-1)x(1+x)^{n-2} = \sum_{k=1}^{n} k^2\,{}_n\mathrm{C}_k x^{k-1}$.

$x=1$ を代入すると，$\sum_{k=0}^{n} k^2\,{}_n\mathrm{C}_k = n\cdot 2^{n-1} + n(n-1)2^{n-2} = n(n+1)2^{n-2}$.

母関数は，あくまでも形式的に数列全体を１つの関数と対応させて取り扱うものですが，組合せ論で母関数を取り扱う場合は，単に形式的な扱いではなく，母関数の式の形に意味を持たせる場合もあります．母関数を最初に学ぶのが組合せ論であることも多いので，母関数の式にケースバイケースで様々な意味を持たせたり，あるいはあくまでも形式的に式変形の手段として用いたりするような多様な応用例がいきなり示されると，そもそも母関数とは何なのかがわからなくなり混乱する可能性があります．その混乱を避けるためには，母関数とは，組合せ論とは関係なく一般の数列について形式的に考えることのできるものであり，たまたまその形式に意味付けができるケースもあるというだけのことだという基本理解を軸に置く必要があるでしょう．

二項定理の (11.4) 式には，組合せ論的な意味付けをすることができます．まず，$n$ 個の物それぞれに $x_1, x_2, \cdots, x_n$ の文字を割り当てておきます．この中からいくつかを選ぶ組合せを考える際，1 つの物 $x_k$ にとっては，選ばれない（0 個選ばれる）か，選ばれる（1 個選ばれる）かの 2 通りのケースがあると考え，それぞれのケースを，その物が選ばれる個数を次数として ${x_k}^0(=1)$, ${x_k}^1(=x_k)$ で表し，可能なケースの一覧を，これらの和として $1+x_k$ と書くものとします．さらに，$n$ 個全ての可能な選ばれ方の一覧から，それらの組合せを全て考える場合は，$n$ 個それぞれの式を掛けた次式を考えます．

$$(1+x_1)(1+x_2)\cdots(1+x_n) \tag{11.6}$$

この式を展開すると，その各項として，$n$ 個からいくつかを選ぶパターン（1 個も選ばない場合も含む）が全て出現し，項の数 $(=2^n)$ が，パターンの総数を表します．ここで，選んだ個数がちょうど $k$ 個となるようなパターンの数 $(={}_n\mathrm{C}_k)$ を考えるならば，各文字の次数の和が $k$ になる項の数を数えればよいことになりますが，それは各文字の区別をなくして全て $x$ とした場合の $x^k$ の係数に他なりません．これが，(11.6) 式で文字を全て $x$ とした (11.4) 式の $x^k$ の係数が ${}_n\mathrm{C}_k$ となる理由です．

この考え方は，単純に $n$ 個から $k$ 個を選ぶ場合だけではなく，様々な場合に応用できます．たとえば，$n$ 種類の物から，重複を許していくつかを選ぶ場合を考えてみます．各種類に $x_1, x_2, \cdots, x_n$ の文字を割り当てると，それらは 0 個以上何個でも選ばれる可能性があるので，この場合 $x_k$ についての可能な

ケースの一覧は $x_k{}^0 + x_k{}^1 + x_k{}^2 + \cdots$ という無限級数で表されます．したがって，$n$ 種類からいくつかを選ぶ全ての可能なケースの一覧は，その積として，

$$(1 + x_1 + x_1{}^2 + \cdots) \times (1 + x_2 + x_2{}^2 + \cdots) \times \cdots \times (1 + x_n + x_n{}^2 + \cdots) \tag{11.7}$$

と表され，$n$ 種類から $k$ 個を重複を許して選ぶ組合せの数（**重複組合せ**）${}_n\mathrm{H}_k$ の，$k$ をパラメータとみなした母関数は，

$$\sum_{k=0}^{\infty} {}_n\mathrm{H}_k x^k = \left(\sum_{k=0}^{\infty} x^k\right)^n = \frac{1}{(1-x)^n} \tag{11.8}$$

と表されることになります．

例題 11-3 は，$n$ 種類の物から最大 4 個まで重複して選ぶことのできる場合に $k$ 個を選ぶ組合せの数の母関数を考え，その 4 次の係数が ${}_n\mathrm{H}_4$ となることを説明する問題です．

**例題 11-3**　$n$ を 4 以上の自然数とする．
$(1 + x + x^2 + x^3 + x^4)^n$ を展開したときの $x^4$ の係数を求めよ．
（京都大　文系）

▽▼▽　**略解**　▽▼▽

まず，$F = (1 + x_1 + x_1{}^2 + x_1{}^3 + x_1{}^4) \times (1 + x_2 + x_2{}^2 + x_2{}^3 + x_2{}^4) \times \cdots \times (1 + x_n + x_n{}^2 + x_n{}^3 + x_n{}^4)$ という式を展開することを考える．
ただし，$x_1, x_2, \cdots, x_n$ はそれぞれ異なる変数とする．
そのとき，出現する項のうち各変数に着目した次数の和がちょうど 4 となるものの数を考えると，各変数の次数は 0 から最大 4 までであり，それらの和が 4 になるような全てのパターンが 1 回ずつ出現するので，その個数は ${}_n\mathrm{H}_4$ となる．
与式は，$F$ において $x_1, x_2, \cdots, x_n$ を全て $x$ に置き換えたものであると考えられるので，$x^4$ の係数は，
$F$ の各変数の次数の和が 4 であるものの総数 $= {}_n\mathrm{H}_4 = \dfrac{1}{24}n(n+1)(n+2)(n+3)$
となる．

${}_n\mathrm{H}_r = {}_{n+r-1}\mathrm{C}_r$ となることは，$n+r$ 個の物を 1 列に並べて，その間に $n-1$ 本の線を引くことで，1 個以上の物を含む $n$ 組のグループに分ける方法の数と

してよく説明されますが，(11.8) 式の母関数から求めることもできます．(11.8) 式の左辺を $r$ 回微分すると，次のようになります．

$$\sum_{k=r}^{\infty} k(k-1)(k-2)\cdots(k-r+1)\,{}_n\mathrm{H}_k x^{k-r}$$
$$= r!\,{}_n\mathrm{H}_r + \sum_{k=r+1}^{\infty} \frac{k!\,{}_n\mathrm{H}_k x^{k-r}}{(k-r)!} \tag{11.9}$$

一方，右辺を $r$ 回微分すると，次のようになります．

$$n(n+1)(n+2)\cdots(n+r-1)(1-x)^{-n-r} \tag{11.10}$$

(11.9) 式と (11.10) 式に $x=0$ を代入して比較すると，

$$r!\,{}_n\mathrm{H}_r = n(n+1)(n+2)\cdots(n+r-1) \tag{11.11}$$
$${}_n\mathrm{H}_r = \frac{(n+r-1)!}{(n-1)!r!} = {}_{n+r-1}\mathrm{C}_r \tag{11.12}$$

となるのです．

## 11.2 漸化式と母関数

組合せ論で用いられる各種数列についても，**漸化式**を考えることがよくあります．ただし，${}_n\mathrm{C}_k$ が $n$ と $k$ の2つのパラメータを持つように，実際には「数列の列」ないし，2変数の離散的関数と言うべきものを扱うことが多く，漸化式を単純に解くのは困難なケースもあります．

**例題 11-4**　整数 $n, k$ は，$1 \leqq k \leqq n$ を満たすとする．相異なる $n$ 個の数字を $k$ 個のグループに分ける方法の総数を ${}_n\mathrm{S}_k$ と記す．ただし，各グループは少なくとも1つの数字を含むものとする．このとき，次の問いに答えよ．

(1)　$2 \leqq k \leqq n$ とするとき，${}_{n+1}\mathrm{S}_k = {}_n\mathrm{S}_{k-1} + k\,{}_n\mathrm{S}_k$ が成り立つことを示せ．

(2)　${}_5\mathrm{S}_3$ を求めよ．　(早稲田大　理工)

▽▼▽ **略解** ▽▼▽

(1) 左辺の ${}_{n+1}\mathrm{S}_k$ は，相異なる $n+1$ 個の数字を $k$ 個のグループに分ける方法の数. $n+1$ 個の数字のうちの1つを $X$ と置く. 相異なる $n+1$ 個の数字を $k$ 個のグループに分ける方法のうち，$X$ が単独でグループを形成し，他の $n$ 個の数字が $k-1$ 個のグループに分かれるものは，${}_n\mathrm{S}_{k-1}$ 通りであり，それ以外の場合は，$X$ 以外の $n$ 個の数字が $k$ 個のグループに分かれ，そのいずれかに $X$ も入るので，$k\,{}_n\mathrm{S}_k$ 通りとなる. それを合計したものが右辺.

(2) (1) を利用. ${}_5\mathrm{S}_3 = {}_4\mathrm{S}_2 + 3{}_4\mathrm{S}_3 = {}_3\mathrm{S}_1 + 2{}_3\mathrm{S}_2 + 3({}_3\mathrm{S}_2 + 3{}_3\mathrm{S}_3) = {}_3\mathrm{S}_1 + 9{}_3\mathrm{S}_3 + 5{}_3\mathrm{S}_2$ $= {}_3\mathrm{S}_1 + 9{}_3\mathrm{S}_3 + 5({}_2\mathrm{S}_1 + 2{}_2\mathrm{S}_2) = 1 + 9 + 5(1+2) = 25$

例題 11-4 における ${}_n\mathrm{S}_k$ は，**第２種スターリング数**と呼ばれるもので，定義の仕方はいろいろありますが，ここでは「$n$ 個の要素からなる集合を，$k$ 個の空でない部分集合に分割する方法の数」という定義に基づいた問題となっています. また，ここでは $1 \leqq k \leqq n$ について扱っていますが，通常は $0 \leqq k \leqq n$ で定義し，${}_0\mathrm{S}_0 = 1$，$n \geqq 1$ で ${}_n\mathrm{S}_0 = 0$ とします.（さらに，組合せ論的定義から離れて，一般の整数の組 $n,k$ について再定義したものを扱う場合もあります.）

第２種スターリング数の一般項をいきなり求めるのは困難ですが，例題 11-4 で求めた漸化式を用いれば，$k$ を固定した場合の $n$ についての一般項を，$k$ の小さい方から順次求めることはできます. $k=1$ の場合，すなわち，1個の部分集合に分解する（＝分解しない）方法の数は1通りしかないので，${}_n\mathrm{S}_1 = 1$ は明らかです. また，$k$ 個の物を $k$ 個に分割する方法も1通りしかないので，${}_k\mathrm{S}_k = 1$ を出発点として，各 $k$ における ${}_n\mathrm{S}_k$ を順次求めると，

$$
\begin{aligned}
{}_n\mathrm{S}_1 &= 1 \quad (n \geqq 1)\\
{}_n\mathrm{S}_2 &= 2^{n-1} - 1 \quad (n \geqq 2)\\
{}_n\mathrm{S}_3 &= \frac{3^{n-1}}{2} - 2^{n-1} + \frac{1}{2} \quad (n \geqq 3)\\
{}_n\mathrm{S}_4 &= \frac{4^{n-1}}{6} - \frac{3^{n-1}}{2} + 2^{n-2} - \frac{1}{6} \quad (n \geqq 4)
\end{aligned}
$$

となります．一般項は，

$${}_n\mathrm{S}_k = \frac{1}{k!}\sum_{j=1}^{k}(-1)^{k-j}{}_k\mathrm{C}_j j^n \tag{11.13}$$

となることが知られており，これを帰納法で示すことは高校の知識の範囲でも可能ですが，決して楽な作業ではありません．

第２種スターリング数の場合は簡単ではなかったのですが，組合せ論で出現するような特殊な数列でも，単純に数列としての漸化式を持つようなケースでは，漸化式から直接母関数を求め，その母関数の形から一般項を求めることができます．たとえば，おなじみの**フィボナッチ数列**を，次のような漸化式で定義してみます．

$$f_0 = 0, \quad f_1 = 1 \tag{11.14}$$

$$f_{n+2} = f_{n+1} + f_n \ (n = 0, 1, 2, \cdots) \tag{11.15}$$

この (11.15) 式に $x^{n+2}$ を掛けて，さらに両辺の $n = 0, 1, 2, \cdots$ についての和をとると，フィボナッチ数列 $\{f_n\}$ の母関数 $F(x) = \sum\limits_{n=0}^{\infty} f_n x^n$ を用いて，以下のような式が得られます．

$$F(x) - f_0 - f_1 x = x(F(x) - f_0) + x^2 F(x) \tag{11.16}$$

これに初項 (11.14) 式を代入して整理すると，母関数は

$$F(x) = \frac{x}{1 - x - x^2} \tag{11.17}$$

であることがわかります．

母関数の形から一般項を考える際は，よく知られた母関数の**１次結合**に分解することができれば，そこから得られる数列も既知の数列の１次結合として求めることができます．ここでは，一般項が $a_n = r^n$ で表される数列 $\{a_n\}$ の母関数が $\dfrac{1}{1 - rx}$ で表されることを利用するため，(11.17) 式を部分分数に分解すると，

$$F(x) = \frac{\sqrt{5}}{5}\left(\frac{1}{1 - \frac{1+\sqrt{5}}{2}x} - \frac{1}{1 - \frac{1-\sqrt{5}}{2}x}\right) \tag{11.18}$$

となり，これより一般項が

$$f_n = \frac{\sqrt{5}}{5}\left\{\left(\frac{1+\sqrt{5}}{2}\right)^n - \left(\frac{1-\sqrt{5}}{2}\right)^n\right\} \tag{11.19}$$

であることがわかります．

ただし，残念ながら，この母関数を用いて漸化式を解く方法は，原理的にべき級数の収束の話を内包している母関数の考え方を直接扱っているので，大学入試問題の素材とするのは難しいようです．

## 11.3 カタラン数・モンモール数

組合せ論では，フィボナッチ数やスターリング数のように，「〜数」と名前のついた様々な数列がそれぞれ重要な役割を果たしています．ここでは，そんな「〜数」を扱った問題をいくつか取り上げます．

**例題 11-5** 下の選択肢から空欄に入る最も適切なものを選びなさい．ただし，[ ク ]，[ ケ ]には計算した数を記入しなさい．

次の式で定義される数 $d_n$ をカタラン数という．

$d_0 = 1,$

$d_n = {}_{2n}\mathrm{C}_n - {}_{2n}\mathrm{C}_{n-1} = \dfrac{{}_{2n}\mathrm{C}_n}{\boxed{\text{ア}}}\ (n \geqq 1)$

このとき　$d_n = d_{n-1}d_0 + d_{n-2}d_1 + \cdots + d_0 d_{n-1}$ が成り立ち

$(n+3)(d_n d_1 + d_{n-1}d_2 + \cdots + d_1 d_n)$

$\quad = (n+3)(d_{n+2} - \boxed{\text{イ}}\,d_{n+1}) = \boxed{\text{ウ}}\,d_{n+1}$

となる．

$n \geqq 3$ とし，正 $n$ 角形 $T$ を対角線で $n-2$ 個の三角形に分ける方法が何通りあるかを考える．$T$ の頂点を順に $\mathrm{A}_1, \mathrm{A}_2, \cdots, \mathrm{A}_n$ とし，対角線で $n-2$ 個の三角形に分ける場合の数を $D_n$ とする．ただし，$D_3 = 1$ である．対角線 $\mathrm{A}_1\mathrm{A}_k$ ($\boxed{\text{エ}} \leqq k \leqq \boxed{\text{オ}}$) を使って三角形に分ける場合の数は $D_k D_{\boxed{\text{カ}}-k}$ であり，それらの和は

$$\sum_{k=\boxed{\text{エ}}}^{\boxed{\text{オ}}} D_k D_{\boxed{\text{カ}}-k}$$

となる．$n$ 個の頂点で同様のことを考えれば，重複を考慮して

$$n\left(\sum_{k=\boxed{\text{エ}}}^{\boxed{\text{オ}}} D_k D_{\boxed{\text{カ}}-k}\right) = 2(\boxed{\text{キ}})D_n \ (n \geqq 4)$$

となる．実際 $D_3 = 1$，$D_4 = 2$，$D_5 = \boxed{\text{ク}}$，$D_6 = \boxed{\text{ケ}}$ である．
ところで $D_n$ と $d_n$ が満たす関係式を比較することにより，
$D_{\boxed{\text{コ}}} = d_n$ であることがわかる．

［選択肢］

(01) $-3$　(02) $-2$　(03) $-1$　(04) $1$　(05) $2$　(06) $3$
(07) $n-3$　(08) $n-2$　(09) $n-1$　(10) $n$　(11) $n+1$
(12) $n+2$　(13) $n+3$　(14) $-2n$　(15) $2n$

（慶応大　環境情報）

▽▼▽ **略解** ▽▼▽

ア：(11)，イ：(05)，ウ：(15)，エ：(06)，オ：(09)，カ：(12)，キ：(07)，
ク：5，ケ：14，コ：(12)

**カタラン数**は，この例の他に，二項演算子の結合パターン数，正しいカッコの入れ子のパターン数，原点から座標 $(n,n)$ まで，格子点同士を結ぶ $x$ 軸または $y$ 軸に平行な線分上のみを通って最短で移動するルートのうち $y \leq x$ の範囲のみを通るものの数など，様々な例で出現しますが，有名でありネット上でもすぐ情報が見つかるはずなので，ここでは詳しくは触れません．

例題 11-5 では，正 $n$ 角形でなくても凸 $n$ 角形であれば事情は同じであることから漸化式が成立することや，$n-3$ 本の対角線を引くことから同じパターンが $2(n-3)$ 回重複してカウントされていることに注意して下さい．また，ここに出現しているのがカタラン数であるということは，満たしている漸化式が共通であることから判断しています．

**例題 11-6**　4 人の友達 A,B,C,D がクリスマスパーティーでプレゼントを交換する．つまり，4 人の持ち寄ったプレゼントを公平な抽選で分けるのである．

(1) A 君が自分自身の持ってきたプレゼントに当たる確率を求めよ．

(2) A 君には B 君の持ってきたプレゼントが当たり，残りの B,C,D のうちの誰かが自分自身の持ってきたプレゼントに当たる確率を求めよ．

(3) 自分自身の持ってきたプレゼントに誰も当たらない確率を求めよ．

(九州大　文系)

▽▼▽　**略解**　▽▼▽

(1)　$\dfrac{1}{4}$　(2)　各人の持ち寄ったプレゼントを，それぞれ小文字 $a, b, c, d$ で表すものとし，プレゼント交換のパターンを，各人の当たったプレゼントを A から順に $(p, q, r, s)$ のように羅列したもので表すものとする（ただし，この $p, q, r, s$ には $a, b, c, d$ のいずれかが当てはまる）．また，問題文の「公平な抽選」は，プレゼント交換のパターンとして可能な全てのケースが起こる確率がどれも等しいという意味に解釈する．そのとき，可能なプレゼント交換のパターンは全部で $4! = 24$ 通り．題意を満たすプレゼント交換のパターンにおいては，A に b が当たった以上，B に b が当たることは起こり得ず，自分自身の持ってきたプレゼントに当たった者は C か D であることになる．それが C のみの場合，D のみの場合，C も D も自分のプレゼントが当たった場合があることに注意すると，可能なパターンは $(b, d, c, a)$，$(b, c, a, d)$，$(b, a, c, d)$ の 3 通りのみで，確率は $3/24 = 1/8$.

(3)　A に b が当たるパターンは全部で $3! = 6$ 通りで，そのうち，誰かが自分のプレゼントに当たるパターンが (2) より 3 通りなので，A に b が当たって，なおかつだれも自分のプレゼントに当たらないのは $6 - 3 = 3$ 通り．A に c が当たる場合も $d$ が当たる場合も同様なので，結局自分自身のプレゼントにだれも当たらないパターン数は $3 \times 3 = 9$ 通りとなり，確率は $9/24 = 3/8$.

例題 11-6 の (3) のように，基準となる並び順（この場合は全員に自分のプレゼントが当たる場合の $(a, b, c, d)$）に対して，どの要素も本来のポジションにはないような順列のことを，**完全順列**ないし**撹乱順列**と呼び，$n$ 個の要素に対する完全順列の数を**モンモール数**と呼びます．以下，$n$ 個の要素を 1 から $n$ までの数字とし，$k$ 番目に $k$ がある状態を基準として考えます．

モンモール数を $f(n)$ としてその漸化式を考える際には，$n$ の所在に着目し，

$n$ が $k$ 番目にあるとして，$n$ 番目の要素が $k$ の場合（ケース1）とそれ以外（ケース2）に分けて考えます．

ケース1のパターンでは，$n$ 番目と $k$ 番目は互いに入れ替わっているので，そのような完全順列の数は，$k$ の選び方が $n-1$ 通り，その時の他の $n-2$ 個の要素の並び順が $f(n-2)$ 通りであることから，全部で $(n-1)f(n-2)$ 通りとなります．

一方，ケース2のパターンでは，$n$ 番目と $k$ 番目を入れ替えれば $n$ 番目を除くと完全順列となり，逆に $n-1$ 個による完全順列を作ってそれに対して $n$ 番目に $n$ を配置した上で $n$ 番目と $k$ 番目を入れ替えるとケース2のパターンが実現するので，結局ケース2のような完全順列の数は，$k$ の選び方が $n-1$ 通り，$n-1$ 個による完全順列の数が $f(n-1)$ 通りであることから，全部で $(n-1)f(n-1)$ 通りです．

以上より，モンモール数の漸化式は，次のようになります．

$$f(n) = (n-1)(f(n-2) + f(n-1)) \tag{11.20}$$

この漸化式から，モンモール数の一般項は

$$f(n) = \sum_{k=2}^{n} \frac{(-1)^k n!}{k!} \tag{11.21}$$

と求められます．さらに，例題11-6のように，$n$ 個の要素を無作為に並べた時に，それが完全順列となる確率を考え，$n \to \infty$ とすると，

$$\lim_{n\to\infty} \frac{f(n)}{n!} = \lim_{n\to\infty} \sum_{k=2}^{n} \frac{(-1)^k}{k!} = \frac{1}{e} \tag{11.22}$$

となるというのも，モンモール数の際立った特徴の1つです．

なお，例題11-6では，抽選の条件が「4人の持ち寄ったプレゼントを公平な抽選で分ける」となっていますが，厳密に言うとこれでは問題の条件としては曖昧です．4人でプレゼント交換をする場合，たとえば完全順列しか出現せず，各完全順列は全て等確率で出現するような方法をとったとしても，それは常識的に考えて「公平な抽選」と言えるでしょう．確率の問題の問題文を，くどくなく，なおかつ題意を正確に伝えるように記述するというのは，出題者が常に苦労するところです．

# 第12章 応用数学と確率
## ～現象をモデル化する～

**確率**という言葉・概念は，日常生活の中でも頻繁に用いられますが，その「意味」を厳密に説明するのはなかなか困難です．一言で「確からしさの度合いを数値として表したもの」と表現しても,「確からしい」「確からしさ」という言葉自体，数学で確率についての議論をする際にしか使用しない，確率の概念を前提とした特殊な形容詞・名詞であり，この説明では循環論法になってしまいます．

一般に，ある試行において $X$ という事象が起こる確率が $p$ であるということを考える場合には，その試行を何度も行った場合に試行回数のうち $X$ が起こる割合がおよそ $p$ になる，そのような値 $p$ のことを確率と呼ぶ，というのが素朴な理解でしょう．しかし，確率がランダムに起こる事象の起こりやすさを扱うものである以上，有限回数の実際の試行結果から得られた割合をそのまま確率と等号で結ぶわけにはいきません．たとえばコインを投げて表と裏のどちらが出るかというような試行を 10 回行った結果，表が 6 回，裏が 4 回出たとしても，それは「10 回コインを投げる」という試行を 1 回行った結果そのような組合せで表裏が出るという事象がたまたま起きただけです．このコイン投げを数学で扱う場合には，実際には，たとえば，各試行において表裏どちらが出る確率も 1/2 であり，なおかつ各試行は独立試行であるというような「**モデル**」を，予め前提として想定する必要があります．コインが偏りなく作られていた場合は，この表裏が平等なモデルは実際の現象を表現するものとして妥当だと考えられますが，コインにゆがみがあった場合などは，表裏の確率が同じではないモデルを考える必要があるかもしれません．

数学を実際の現象に応用する場合，このようになんらかのモデルを仮定して議論する必要があることがあります．その場合，実際の現象をどのようなモデルとして扱えばよいかを検討する領域と，そのモデルを前提として何が言えるかという領域は，議論の両輪としてどちらも重要です．確率に関して言えば，前者は**推計統計学**という形で，数学という枠に収まらない1つの分野を形成しており，後者は**公理論的確率論**という形で，確率という値の応用的な「意味」から離れて純粋な数学として発達しています．

今回は，そんな確率に関する応用数学の問題を拾ってみます．

## 12.1　連続型確率分布

**確率分布**という考え方は，高校の教科書でも数学Cで扱いますが，そこで扱うのは主に**離散型確率分布**であり，**確率密度関数**を用いた**連続型確率分布**は，統計処理の単元で正規分布を扱う際の前置きの知識として出現するだけです．したがって，連続型確率分布を直接取り扱う問題が大学入試に出題されることはありません．また，教科書での取り扱いを見ても，高校では広義積分を扱えないため，確率密度関数を実数全域で積分すると1になるという点については曖昧な表現となっており，あくまでもお話程度の扱いだということがうかがい知れます．

例題12-1では，目盛り$a$を**確率変数**とすると連続型確率分布となるものを，$a$を4捨5入した$X$を確率変数と見なすことで，大学入試の範囲でも取り扱える離散型確率分布の問題にしています．

**例題12-1**　周の長さ1の円板の中心に，スムーズに回転できる針が備えてある．周上の定点Oから，周上の任意の点Aまでの時計回りに測った円弧OAの長さが$a^2$であるとき，点Aに目盛$a$（$0 \leqq a < 1$）が打たれているとする．作為なく回転させた針が静止した周上の位置の目盛を，その小数第2位で4捨5入して小数第1位まで求めた値を$X$とする．

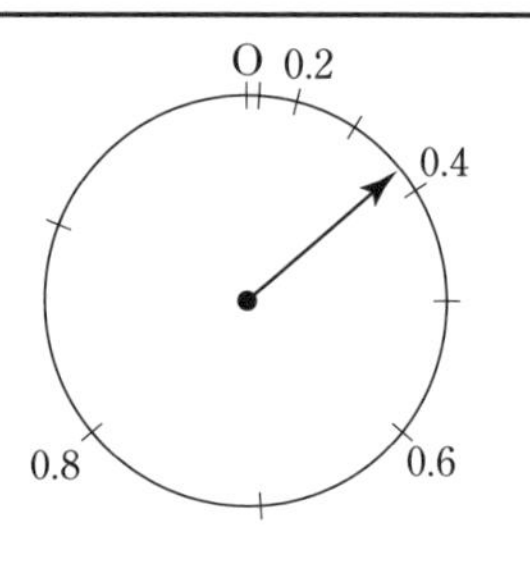


(1)　$X$の確率分布表をつくれ．

(2)　$X$の期待値$E(X)$を求めよ．　　(1990 山形大　医)

………………………… ▽▼▽ **略解** ▽▼▽ …………………………

(1) $P(X=0)=P(0\leqq a^2<0.05^2)=\dfrac{1}{400}$.
$n=1,2,\cdots,9$ において,
$P(X=0.1n)=P((0.1n-0.05)^2\leqq a^2<(0.1n+0.05)^2)$
$=(0.1n+0.05)^2-(0.1n-0.05)^2=\dfrac{n}{50}$.
$P(X=1)=P(0.95^2\leqq a^2<1)=\dfrac{39}{400}$.

| $X$ | 0 | 0.1 | 0.2 | 0.3 | 0.4 |
|---|---|---|---|---|---|
| $P$ | $\frac{1}{400}$ | $\frac{1}{50}$ | $\frac{2}{50}$ | $\frac{3}{50}$ | $\frac{4}{50}$ |

| 0.5 | 0.6 | 0.7 | 0.8 | 0.9 | 1 |
|---|---|---|---|---|---|
| $\frac{5}{50}$ | $\frac{6}{50}$ | $\frac{7}{50}$ | $\frac{8}{50}$ | $\frac{9}{50}$ | $\frac{39}{400}$ |

(2) $$E(X)=0\times\frac{1}{400}+\sum_{n=1}^{9}\frac{n}{10}\cdot\frac{n}{50}+1\times\frac{39}{400}=0.6675$$

………………………………………………………………

例題 12-1 で，$E(X)$ ではなく $E(a)$ を考える場合には，$a^2$ や $a$ の確率密度関数を扱うことになりますが，確率密度関数を求める時にはその積分である**累積分布関数**を経由します．$a$, $a^2$ をそれぞれ確率変数とした時の確率密度関数を $f(x)$, $g(x)$ とし，累積分布関数を $F(x)$, $G(x)$ とすると，$a^2$ は $0\leqq a^2<1$ の範囲で一様分布なので,

$$g(x)=1\quad(0\leqq x<1)\tag{12.1}$$

$$G(x)=\int_0^x g(t)dt=x\quad(0\leqq x\leqq 1)\tag{12.2}$$

となり，$a<x$ となる確率 $F(x)$ が，$a^2<x^2$ となる確率 $G(x^2)$ と等しいことより,

$$F(x)=G(x^2)=x^2\quad(0\leqq x\leqq 1)\tag{12.3}$$

$$f(x)=\frac{d}{dx}F(x)=2x\quad(0\leqq x<1)\tag{12.4}$$

となります．この $f(x)$ を用いると，$a$ の期待値は

$$E(a)=\int_0^1 xf(x)dx=\frac{2}{3}\tag{12.5}$$

と計算できます．例題で求めた $E(X)$ は，この $E(a)$ の近似値となっているのです．

なお，ここで円弧OAの長さである $a^2$ の確率分布を，$0 \leq a^2 < 1$ の範囲での一様分布としましたが，「作為なく回転させた」から一様分布というのは厳密に言うと無理があります．これは「数学の問題でサイコロを振ると言えば，特に断りがない限り全ての目の出る確率は1/6」というのと同様のお約束であり，円弧OAの長さが一様分布に従うことは本来は問題の設定として明記されているべきものです．本問ではあまり問題になりませんが，「何を等確率とみなすか」さえ明記すれば比較的容易に前提条件を規定できることが多い離散型確率分布の場合と異なり，連続型確率分布では，「**無作為**」という言葉の常識的解釈が，人によってずれるケースが多いので注意が必要です．

## 12.2 マルコフ連鎖

確率分布で扱うのは，確率変数の静的な状態ですが，この確率変数の状態が時間軸にそって変化し，その変化の仕方も確率的に決まるようなものを**確率過程**と呼びます．確率過程の中でも，ある時刻から見て未来の確率変数の挙動はその時刻における確率変数の値のみによって決まり，過去の経緯を引きずらないという，**マルコフ性**という性質を持つものが**マルコフ過程**であり，さらにそのうち，確率変数が離散的な値をとるものを**マルコフ連鎖**と呼びます．マルコフ連鎖では，確率変数が離散的な値を推移するので，これを表現する際には有向グラフによる**状態遷移図**が用いられます．なお，この確率変数の離散的な「値」は，いわゆる「数」である必要はなく，「Aという状態」「Bという状態」というようなものでも構いません．

大学入試で取り上げられるのは，マルコフ連鎖の中でも離散時間を扱うもの，つまりステップ毎に状態が変化するような問題だけであり，漸化式の問題としてしばしば出題されています．例題12-2で扱っているゲームもよくあるマルコフ連鎖ですが，実はこの問題ではコインを投げる各ステップ毎に停まる場所毎の確率をトレースしても，設問とはあまり関係ありません．

**例題 12-2** 図のような四角の経路をコインを投げて表なら 2，裏なら 1 だけ時計回りに進むゲームを考える．地点 0 から出発し再び地点 0 に停まった時点でゲームは終了する．ちょうど $n$ 周でゲームが終了する確率を $p_n$，$n$ 周目までにゲームが終了する確率を $S_n$ とする．特に，$S_1 = p_1$ である．

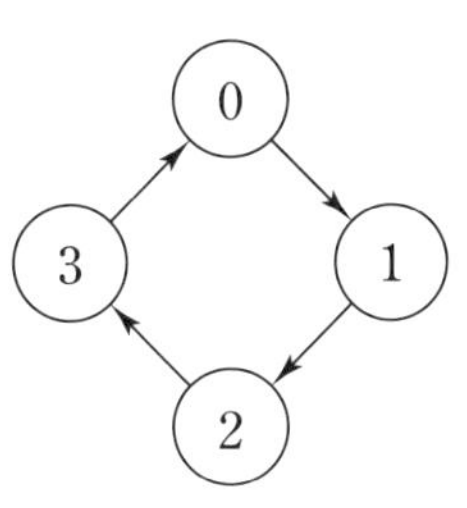


次の問いに答えよ．

(1) 確率 $p_1$，$p_2$ を求めよ．

(2) $p_{n+1}$ を $S_n$ で表せ（$n \geqq 1$）．

(3) $p_n$ を求めよ．

（2006 名古屋市立大　経済（後期））

▽▼▽ **略解** ▽▼▽

(1) 1 周でゲームが終了するのは，
・ 4 回続けて 1 歩進む場合
・最初の 3 回のうち 1 歩が 2 回，2 歩が 1 回の場合
・最初の 2 回が 2 回とも 2 歩の場合
のいずれかなので，

$$p_1 = \left(\frac{1}{2}\right)^4 + 3 \times \left(\frac{1}{2}\right)^3 + \left(\frac{1}{2}\right)^2 = \frac{11}{16}.$$

それ以外の場合は，1 周でゲームが終了しないが，その場合は地点 0 を飛び越えて地点 1 に停まっている．そこからちょうど 3 歩進んでその周でゲームが終了するのは，
・ 3 回続けて 1 歩進む場合
・次の 2 回のうち 1 歩が 1 回，2 歩が 1 回の場合
のどちらかなので，

$$p_2 = (1 - p_1)\left(\left(\frac{1}{2}\right)^3 + 2 \times \left(\frac{1}{2}\right)^2\right) = \frac{5}{16} \cdot \frac{5}{8} = \frac{25}{128}.$$

(2) ちょうど $n+1$ 周目でゲームが終了するのは，$n$ 周目までにゲームが終了しておらず，$n$ 周目の地点 0 を飛び越えて $n+1$ 周目の地点 1 に停まっている状態から，ちょうど 3 歩進んでその周でゲームが終了する場合なので，その確率は，

$$p_{n+1} = (1 - S_n) \times \frac{5}{8} = \frac{5}{8}(1 - S_n).$$

(3) $n \geqq 2$ とする．$n$ 周目でゲームが終了しないのは，$n-1$ 周目でゲームが終了しておらず，さらに $n$ 周目の地点 1 からちょうど 3 歩進んだ地点 0 には停まらない場合なので，

$$
\begin{aligned}
1-S_n &= (1-S_{n-1})\left(1-\frac{5}{8}\right)=\frac{3}{8}(1-S_{n-1})\\
&=\left(\frac{3}{8}\right)^{n-1}(1-S_1)=\frac{5}{16}\left(\frac{3}{8}\right)^{n-1}.
\end{aligned}
$$

$$
S_n=1-\frac{5}{16}\left(\frac{3}{8}\right)^{n-1},\quad p_n=S_n-S_{n-1}=\frac{25}{128}\left(\frac{3}{8}\right)^{n-2}.
$$

……………………………………………………………………………………………

例題12-2では，何周目で終了するかを問題にしているので，周回をまたぐ所だけを考慮すればよく，コインを投げた回数毎の確率分布を求めても意味はなかったのですが，ちょうど$n$回コインを投げて終了する確率$q_n$を求める問題に変更すると，これは典型的なマルコフ連鎖の問題となります．(ただし，状態の数が多過ぎるので，大学入試で扱える範囲は超えてしまいます.)　このマルコフ連鎖で，ステップ毎に遷移する「状態」としては，「どの地点に停止しているか」を扱うことになりますが，地点0については，まだコインを投げていない時点で地点0にいるという状態と，何回かコインを投げた結果地点0に到達したという状態を区別して扱う必要があります．その状態遷移図は，図12.1のようになります．

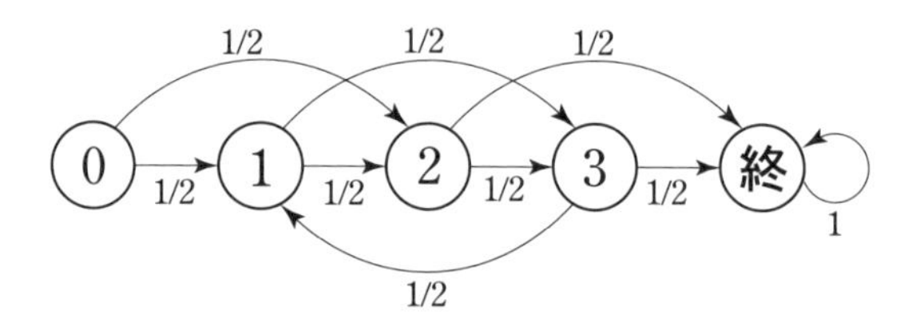


図12.1

以下，$n$回コインを投げた後に各状態にある確率を$a_0(n)$，$a_1(n)$，$a_2(n)$，$a_3(n)$，$a_f(n)$とおきます．ただし，$a_0(n)$は出発地点としての地点0にいる確率で，$a_f(n)$はゴール地点としての地点0にいる確率（$n$回未満で終了している場合も含む）を表すものとします．すると，図12.1の状態遷移図から，$n$回コインを投げた後の確率分布は，**遷移行列**$P$ を用いて次のように表されます．

$$P = \begin{pmatrix} 0 & 0 & 0 & 0 & 0 \\ \frac{1}{2} & 0 & 0 & \frac{1}{2} & 0 \\ \frac{1}{2} & \frac{1}{2} & 0 & 0 & 0 \\ 0 & \frac{1}{2} & \frac{1}{2} & 0 & 0 \\ 0 & 0 & \frac{1}{2} & \frac{1}{2} & 1 \end{pmatrix} \tag{12.6}$$

$$\begin{pmatrix} a_0(n) \\ a_1(n) \\ a_2(n) \\ a_3(n) \\ a_f(n) \end{pmatrix} = P^n \begin{pmatrix} 1 \\ 0 \\ 0 \\ 0 \\ 0 \end{pmatrix} \tag{12.7}$$

このままでは5次の行列の $n$ 乗を計算しなければなりませんが，実際には $n \geqq 1$ では $a_0(n) = 0$ であることや，終了状態からはどこへも遷移しないことを考慮すると，$a_1(n), a_2(n), a_3(n)$ のみに着目して，次のような計算をすればよいことがわかります．

$$Q = \begin{pmatrix} 0 & 0 & \frac{1}{2} \\ \frac{1}{2} & 0 & 0 \\ \frac{1}{2} & \frac{1}{2} & 0 \end{pmatrix} \tag{12.8}$$

$$\begin{pmatrix} a_1(n) \\ a_2(n) \\ a_3(n) \end{pmatrix} = Q^{n-1} \begin{pmatrix} \frac{1}{2} \\ \frac{1}{2} \\ 0 \end{pmatrix} \tag{12.9}$$

ここからさらに $a_1(n) + a_2(n) + a_3(n) + a_f(n) = 1$，$a_f(n) = a_f(n-1) + q_n$ から，$q_n$ を求めることができます．

「時刻」として，コインを投げた回数ではなく，周回数を採用すれば，元の $n$ 周でゲームが終了する確率を，マルコフ連鎖を用いて考えることも不可能ではありません．$n+1$ 回目の周回で最初にコインを投げる直前の時点に着目することにすると，考え得る状態としては，それが地点0である場合，地点1である場合，$n$ 回目までに終了してそもそも $n+1$ 回目の周回というものが存在しない場合の3通りがあり，図12.2のような状態遷移図を作ることができます．

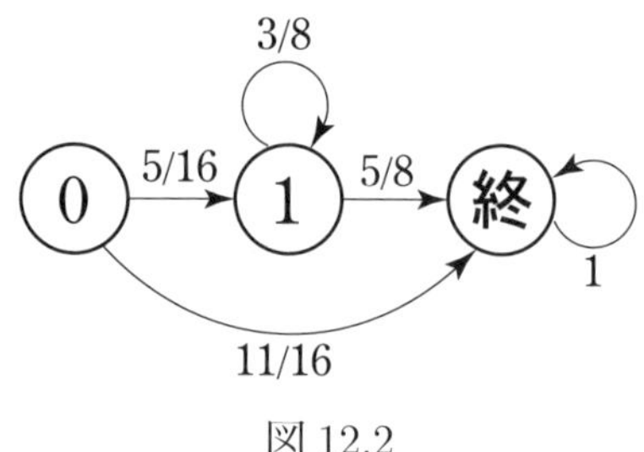


図 12.2

ここで，地点 0 から周回が始まるのは 1 周目だけであることや，終了状態からはどこへも遷移しないことを踏まえると，結局は地点 1 から地点 0 を踏まずに地点 1 に至るということを繰り返すか否かを考えればよいだけであり，略解で示した解答と同じことになります．

次の問題も，細胞数を確率変数とみなせば，マルコフ連鎖となりますが，細胞数は無限に存在しうるので，状態遷移図を全て描くことはできません．しかし，設問を見ると，(2) までは細胞数が 3 個までしか考察の対象としておらず，(3) で考えている時刻 2 時には細胞数は高々 4 個であることを考えると，細胞数が 5 個以上の状態はまとめて 1 つの状態として扱えば十分です．

**例題 12-3**　二分裂によって増える細胞がある．分裂してから 1 時間ごとに $\dfrac{1}{2}$ の確率で分裂するとする．すなわち，分裂しない場合は，そのまま存続し，1 時間後に $\dfrac{1}{2}$ の確率で分裂する．分裂した場合は，2 つの細胞になり，おのおのが 1 時間後に $\dfrac{1}{2}$ の確率で分裂する．

分裂した直後の細胞が時刻 0 時に 1 個あるとする．したがって，時刻 1 時に細胞が 1 個である確率は $\dfrac{1}{2}$ であり，2 個である確率も $\dfrac{1}{2}$ である．以下の問いに答えなさい．

(1)　時刻 3 時の細胞の数が 3 である確率を求めなさい．

(2)　$n$ を正の整数とする．時刻 $n$ 時の細胞の数が 2 である確率を求めなさい．

(3)　時刻 2 時の細胞の数の期待値を求めなさい．

（2006 首都大学東京　都市教養（理系前期））

▽▼▽ **略解** ▽▼▽

(1) 細胞が1個の状態から

1個を維持する確率は $\frac{1}{2}$

1個の状態から2個になる確率は $\frac{1}{2}$

細胞が2個の状態から

2個の状態を維持する確率は $\frac{1}{4}$

2個の状態から3個になる確率は $\frac{1}{4} \times 2 = \frac{1}{2}$

2個の状態から4個になる確率は $\frac{1}{4}$

細胞が3個の状態から

3個の状態を維持する確率は $\frac{1}{8}$

時刻3時に細胞が3個となるのは，$1 \to 2 \to 3 \to 3$，$1 \to 2 \to 2 \to 3$，$1 \to 1 \to 2 \to 3$ の3通りを考えればいいので，求める確率は，

$\frac{1}{2} \times \frac{1}{2} \times \frac{1}{8} + \frac{1}{2} \times \frac{1}{4} \times \frac{1}{2} + \frac{1}{2} \times \frac{1}{2} \times \frac{1}{2} = \frac{7}{32}$.

(2) 時刻 $n$ 時までの間に，時刻 $k$ 時に1回だけ分裂が起こり，後は分裂しない確率は，

$\left(\frac{1}{2}\right)^k \left(\frac{1}{4}\right)^{n-k} = \left(\frac{1}{2}\right)^{2n-k}$

求める確率は，$\sum_{k=1}^{n} \left(\frac{1}{2}\right)^{2n-k} = \frac{2^n - 1}{2^{2n-1}}$.

(3) 増え方毎の確率は，$1 \to 1 \to 1$ のとき $\frac{1}{2} \times \frac{1}{2} = \frac{1}{4}$,

$1 \to 1 \to 2$ のとき $\frac{1}{2} \times \frac{1}{2} = \frac{1}{4}$，$1 \to 2 \to 2$ のとき $\frac{1}{2} \times \frac{1}{4} = \frac{1}{8}$,

$1 \to 2 \to 3$ のとき $\frac{1}{2} \times \frac{1}{2} = \frac{1}{4}$，$1 \to 2 \to 4$ のとき $\frac{1}{2} \times \frac{1}{4} = \frac{1}{8}$.

求める期待値は，

$1 \times \frac{1}{4} + 2 \times \left(\frac{1}{4} + \frac{1}{8}\right) + 3 \times \frac{1}{4} + 4 \times \frac{1}{8} = \frac{9}{4}$.

時間として，連続時間を扱うようなマルコフ連鎖は，大学入試レベルでは扱いませんが，ある状態から微小時間の間に別の状態に遷移する確率を一定にすることでマルコフ性を実現することができます．これは，様々な現象のモデルとして用いられており，特に，ネットワークシステムの構築等に欠かせない**待ち行列理論**では，不特定多数からのアクセスのモデル化等で重要な役割を果たしています．

## 12.3　ランダムウォーク

マルコフ過程の中で，物理的現象や経済的現象のモデルとして用いられるものに，**ランダムウォーク**というものがあります．例題12-4にもその簡単な例が示されています．

**例題 12-4**　流れる気体の中の分子の動きを，次の数学モデルで考察した．分子は，数直線上を動き，最初は原点Oの位置にある．現在の位置から1分後の位置を，正六面体のさいころを投げて，次の二つの規則で決める．

規則1：1, 2, 3, 4 の目が出たときには正の向きに1だけ動き，

規則2：5, 6 の目が出たときには負の向きに1だけ動く．

次の問いに答えよ．

(1)　8分後に分子が最初の位置（原点）に戻る確率を求めよ．8分後の分子の位置と原点の距離が6以下である確率を求めよ．8分後の分子の位置の座標は，平均するといかなる値になるか．

(2)　2つの分子A，Bが，最初，原点にある．A，Bの座標 $x_A$, $x_B$ を，それぞれ，上の規則に従って変化させる．2つの分子A，Bの間には相互作用があって，その大きさは分子間の距離 $|x_A - x_B|$ に比例して減少し，距離が14以上になると相互作用はなくなる．8分後にA，B間に相互作用がない確率を求めよ．次に，最初の4分の間，相互作用が最大であり続ける確率，すなわち $x_A = x_B$ を満たして動く確率を求めよ．なお，2つの分子は同じ座標に位置できるとする．

（2007 岐阜薬科大）

▽▼▽　**略解**　▽▼▽

(1) 8分後に分子が最初の位置に戻るのは，正の向きに4回，負の向きに4回移動した場合なので，確率は ${}_8C_4\left(\frac{2}{3}\right)^4\cdot\left(\frac{1}{3}\right)^4=\frac{1120}{6561}$.

8分後の原点からの距離は必ず偶数なので，6以下となるのは，8となる場合の余事象であり，確率は $1-\left\{\left(\frac{2}{3}\right)^8+\left(\frac{1}{3}\right)^8\right\}=\frac{6304}{6561}$.

1分での座標の変位の期待値は $1 \times \frac{2}{3} + (-1) \times \frac{1}{3} = \frac{1}{3}$ なので，
8分後の座標の期待値は $8 \times \frac{1}{3} = \frac{8}{3}$.
(2) 8分後に相互作用がないのは，8分後に距離が14または16の場合であり，
確率は $\frac{7 \cdot 2^9}{3^{15}}$.
1回で同じ向きに移動する確率は $\frac{5}{9}$ なので，求める確率は $\left(\frac{5}{9}\right)^4 = \frac{625}{6561}$.

最も単純なランダムウォークは，例題12-4にもあるように，数直線上の点が時刻0に原点にあり，単位時間毎に $p$ の確率で $+1$，$1-p$ の確率で $-1$ だけ移動するというモデルです．特に際立った特徴を見せるのは，$p = \frac{1}{2}$，つまり，正負の方向に等確率に移動する場合で，この場合のみを指して「ランダムウォーク」と呼ぶ場合もあります．これを2次元に拡張すると，$\frac{1}{4}$ ずつの確率で4方向に移動，3次元に拡張すると，$\frac{1}{6}$ ずつの確率で6方向に移動することになります．

各方向に等確率で移動するランダムウォークには，初めて聞くと非常に不可解に感じる性質があります．1次元ランダムウォークで，時刻1から時刻 $t$ までに1度でも座標 $x$ に動点が存在したことがある確率を $f_x(t)$（$t, x$ は整数）とすると，任意の整数 $x$ について次の式が成立します．

$$\lim_{t\to\infty} f_x(t) = 1 \tag{12.10}$$

これは，余事象を考えると，原点からどんなに遠い地点においても，動点がその地点に1度も到達しない確率は時間と共にどこまでも0に近づくことを意味します．

1次元の場合は，1本道であることを考えると，感覚的にも理解できなくはないのですが，実は同様の性質が2次元のランダムウォークについても言えます．すなわち，時刻1から時刻 $t$ までに1度でも座標 $(x, y)$ に動点が存在したことがある確率を $g_{x,y}(t)$（$t, x, y$ は整数）とすると，任意の整数 $x$ について

$$\lim_{t\to\infty} g_{x,y}(t) = 1 \tag{12.11}$$

が言えるのです．これはなかなか理解し難い事実です．しかし，3次元のランダムウォークで同様の確率の極限を求めると，座標によらず約0.24となります．1次元や2次元と3次元の間に性質の差異が生じる点はいいとしても，原点からの距離によらず到達可能性に差がないというのは実に不思議です．

今度は，1次元のランダムウォークで，時刻1以降で座標$x$に最初に到達する時刻が$t$である確率を$p_x(t)$とすると，任意の整数$x$について次の関係が成立します．

$$\sum_{t=1}^{\infty} tp_x(t) = \infty \tag{12.12}$$

つまり，どんなに原点に近い点であっても，その点に最初に到達するまでにかかる時間の期待値は無限大となるのです．

## 12.4 ゲーム理論

利害の競合する相手が存在し，各人が自分の利益を最大にしようと行動する場合の最適な意思決定方法について探る**ゲーム理論**は，原理的には，個人・企業・国家等の行動主体の様々な局面での判断に応用されうる分野であり，その扱う対象も多岐に渡っていますが，ここではその理論全般において重要な意味を持つ2つの要素を挙げておきます．

1つ目は，**ミニマックス原理**と呼ばれるものです．AとBを行動主体とし，Aの立場で考えてみます．Aは，自分が選ぶ戦略に対して，BがAの利益を最小にするような戦略を取ることを想定して，自分の各戦略に対する最低保証利益を考えます．そのうえで，その最低保証利益を最大にするような戦略を選択するのがAにとっての最良の選択であるとするのがミニマックス原理の考え方です．これは，あくまでもAとBの利害が競合している，すなわち，Aにとっての利益はBにとっての不利益，Bにとっての利益はAにとっての不利益となるという状況を前提として成立する考え方です．利益を見積もる場合に偶然性を含むような場合には，期待値のミニマックスを考えます．

2つ目は，**混合戦略**と呼ばれる考え方です．ある局面において，その局面を構成する要素についての情報を全て把握した上で，自分だけが次の手を打ち，なおかつ，自分のこれから打つ手はすぐに相手に知れるような状況においては，自分にとって最適な手を1つだけ選んで実行するのが，最善の選択となりますが，相手が自分と同時に次の手を打つ場合や，時間差はあっても，相手の打った手を知らない状態で次の手を選択しないとならないような場合には，複数の選択肢を用意しておいて，その中からどれを選ぶかはサイコロを振って選ぶという戦略の方が，利益の期待値の最低保証値が大きくなることがあります．混合戦略とは，選択可能な複数の手と，それらを選ぶ確率の組からなる戦略のことです．ゲーム理論では，同時性やランダム性，情報の隠蔽がないような局面を除き，戦略の選択においては常に混合戦略を前提とし，最適な戦略を選ぶとは，選択可能な手の中から各手を選ぶ確率を最適に定めることを意味するのです．

今,「自分にとっての利益＝相手にとっての不利益」となるような単純なゲーム（**零和ゲーム**）において，双方の選択する手の組合せにより双方のその局面での得失が一意に定まるような状況で，双方同時に最適な戦略を選ぶことを考えます．この場合，A がミニマックスの原理で選択する戦略と，B がミニマックスの原理で選択する戦略を前提に A が自らの利益を最大にするように選択する戦略（＝ A にとってのマックスミニの戦略）は一致します（ミニマックス定理）．次の例題 12-5 は，ジャンケンによる簡単な零和ゲームで出す手について最適な混合戦略を考える問題ですが，(2) の結果はミニマックスの原理で選択した戦略においても，利益の期待値の最低保証値は 0 であることを意味しています．双方に対等なゲームにおいて，確実に自分が有利になる戦略など存在しないのです．

**例題 12-5**　A，Bの2人がじゃんけんをして，グーで勝てば3歩，チョキで勝てば5歩，パーで勝てば6歩進む遊びをしている．

1回のじゃんけんでAの進む歩数からBの進む歩数を引いた値の期待値を $E$ とする．

(1)　Bがグー，チョキ，パーを出す確率がすべて等しいとする．Aがどのような確率でグー，チョキ，パーを出すとき，$E$ の値は最大となるか．

(2)　Bがグー，チョキ，パーを出す確率の比が，$a:b:c$ であるとする．Aがどのような確率でグー，チョキ，パーを出すならば，任意の $a,b,c$ に対して $E \geqq 0$ となるか．　(1992 東京大 理系)

▽▼▽　**略解**　▽▼▽

Aがグー，チョキ，パーを出す確率を $p,q,r$ とする．

(1)　Bがグー，チョキ，パーを出す確率はいずれも $\frac{1}{3}$ なので，

$E = 3\times p\times\frac{1}{3} + 5\times q\times\frac{1}{3} + 6\times r\times\frac{1}{3} - 3\times q\times\frac{1}{3} - 5\times r\times\frac{1}{3} - 6\times p\times\frac{1}{3}$
$= \frac{1}{3}(-3p+2q+r)$.

$p+q+r=1$ より，$E=\frac{1}{3}(1+q-4p)$.

$E$ を最大にするのは，$p=0, q=1$ とする場合，すなわち，チョキのみを出してグーとパーは出さない場合．

(2)　$a+b+c=1$ としても，問題の一般性は失われない．

$E = 3pb+5qc+6ra-3qa-5rb-6pc = (6r-3q)a+(3p-5r)b+(5q-6p)c$.

任意の $a,b,c$ に対し $E \geqq 0$ となる条件は $a,b,c$ の係数が0以上であること．

そこから $6p \geqq 10r \geqq 5q \geqq 6p$ が言え，結局 $6p=10r=5q$ となる．

$(p,q,r) = \left(\frac{5}{14}, \frac{6}{14}, \frac{3}{14}\right)$.

# 第13章 コンピューターの発展とともに ～離散的な対象を攻略する～

コンピューターの発展とともに活性化してきた分野として，以前取り上げた整数論や群論以外にも，**離散数学**と呼ばれる一連の分野があります．計算機で取り扱うデータは，アナログ量との対比でデジタルデータと呼ばれますが，離散数学とはまさにデジタルな対象，すなわち，離散的な対象を扱う様々な分野の総称です．これは，広義に解釈すると整数論等も含まれますが，一般には代数と呼ばれる範囲のものは含めず，離散的な対象を数え上げる組合せ論や，離散的な対象同士の相互関係のモデルとして広く利用されるグラフ理論などを中心とする，応用数学の世界で発展してきた一連の分野を指すようです．

今回は，離散数学の代表格であるグラフ理論と，組合せ論の中の1分野であるブロックデザイン，さらには，離散数学というカテゴリーとはずれますが，その発展の歴史にはコンピューターを利用した解析とは切り離すことのできないカオスやフラクタルという概念に関連した問題を拾ってみます．

## 13.1　グラフ理論と「伝説の難問」

**グラフ理論**で扱う**グラフ**とは，$xy$ 平面上に描かれる関数のグラフや，統計データの分析で用いられるグラフ等とは異なり，**頂点**と，２つの頂点を結ぶ**辺**の集合として表される図形のことを言います．グラフのうち，各辺の両端の頂点に始点と終点の区別をつけたものは特に**有向グラフ**と呼ばれ，始点と終点の区別を持たないものは**無向グラフ**と呼ばれますが，特に断わりがない場合は無向グラフを考えます．グラフは，現実の様々な問題において，２項間の関係性のみを抽象化して取り出したモデルとして利用されます．

グラフの中でも，辺を交差させることなく平面上に描画できるようなグラフは**平面グラフ**と呼ばれ，様々な性質が知られています．ひとつながりの平面グ

ラフの頂点の数を $V$，辺の数を $E$，平面が辺により分割された数を $F$ とするとき，$V - E + F = 2$ という**オイラーの式**が成立することは有名です．また「平面上の地図を，隣接する国が同じ色にならないように塗り分けるには 4 色あれば十分であるか」という問いは**4 色問題**として知られていますが，これも平面グラフについての問題であると考えることができます．「地図」は，3 国以上が接する点を頂点とし，国境を辺とみなしたグラフとしてモデル化することもできますが，4 色問題で取り扱う場合は，国を頂点で表し，国同士が国境で接していることを辺で表すことで，グラフの頂点の色分け問題に置き換えて考えます．平面上に描かれた地図である以上この置き換えたグラフも平面グラフとなります．

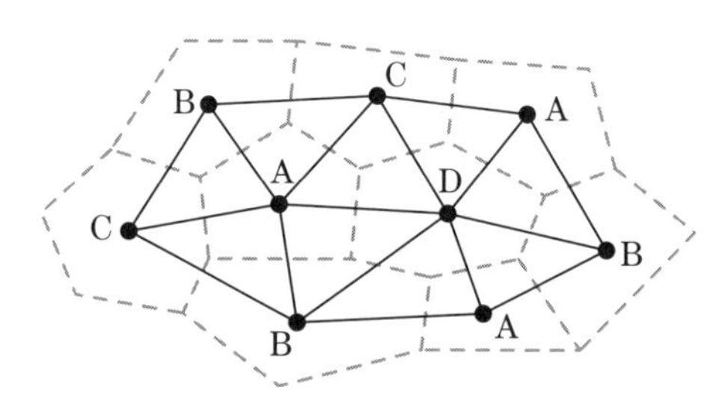


図 13.1　地図を置き換えたグラフ

4 色問題は，コンピューターによる膨大な検証によって証明された最初の問題としても有名です．グラフの中にあるパターンが出現すれば，そのグラフが 4 点で塗り分け可能かどうかという問題がより少ない頂点数のグラフにおける問題に還元できる場合に，そのパターンを**可約配置**と呼ぶとして，ある有限個数の可約配置の集合を考え，5 点以上からなるどんなグラフであってもその集合の中のいずれかの配置を含むことを示すことで，帰納的にどんなグラフでも 4 色で塗り分け可能であることを示したというのが，その証明のアウトラインですが，その集合は約 2000 個もの可約配置からなるものであって，その集合を探す手続きも，各配置が可約であることの検証も，コンピューターの力なくしては実現できないものだったのです．

この怪物じみた 4 色問題の場合に限らず，グラフについて一般に成立する性質を証明する場合は，あるグラフが性質を満たすか否かという問題をより簡単なグラフにおける問題に還元する手続きを用いて帰納的に証明することがよくあります．前述のオイラーの式において，ループを含む場合は $E$ と $F$ を 1 ずつ相殺し，ループがない場合は $V$ と $E$ を 1 ずつ相殺することで，最終的に全てのグラフを 1 点のみからなるグラフの問題に還元するという有名な証明方法も，その一例です．このように，グラフ理論における問題は，グラフを変形する**アルゴリズム**についての問題とみなせることが多いのです．

入試問題においては，問題の舞台装置自体が大掛かりとなってしまうので，グラフ理論を正面切って取り上げることはなかなかありませんが，その数少ない例の 1 つが例題 13-1 であり，これは東大入試史上空前の「伝説の難問」として一部では知られています．

**例題 13-1** グラフ $G=(V,W)$ とは有限個の頂点の集合 $V=\{P_1,\cdots,P_n\}$ とそれらの間を結ぶ辺の集合 $W=\{E_1,\cdots,E_m\}$ からなる図形とする．各辺 $E_j$ は丁度 2 つの頂点 $P_{i_1}$，$P_{i_2}$ $(i_1 \neq i_2)$ を持つ．頂点以外での辺同士の交わりは考えない．さらに，各頂点には白か黒の色がついていると仮定する．

例えば，図 1 のグラフは頂点が $n=5$ 個，辺が $m=4$ 個あり，辺 $E_i(i=1,\cdots,4)$ の頂点は $P_i$ と $P_5$ である．$P_1$，$P_2$ は白頂点であり，$P_3$，$P_4$，$P_5$ は黒頂点である．

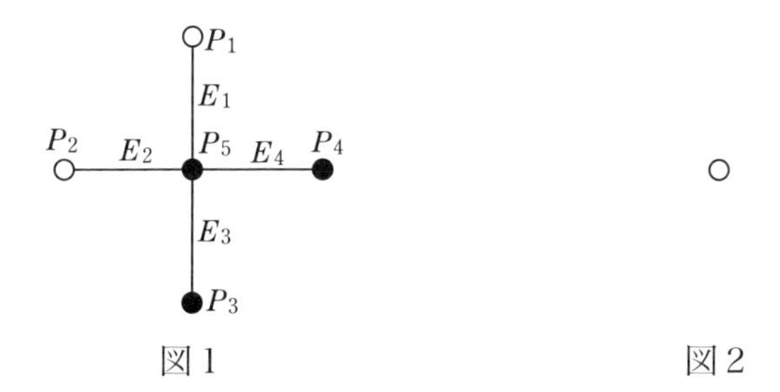


図 1　　図 2

出発点とするグラフ $G_1$（図 2）は，$n=1$，$m=0$ であり，ただ 1 つの頂点は白頂点であるとする．

与えられたグラフ $G=(V, W)$ から新しいグラフ $G'=(V', W')$ を作る2種類の操作を以下で定義する．これらの操作では頂点と辺の数がそれぞれ1だけ増加する．

（操作1）　この操作は $G$ の頂点 $P_{i_0}$ を1つ選ぶと定まる．$V'$ は $V$ に新しい頂点 $P_{n+1}$ を加えたものとする．$W'$ は $W$ に新しい辺 $E_{m+1}$ を加えたものとする．$E_{m+1}$ の頂点は $P_{i_0}$ と $P_{n+1}$ とし，$G'$ のそれ以外の辺の頂点は $G$ での対応する辺の頂点と同じとする．$G$ において頂点 $P_{i_0}$ の色が白または黒ならば，$G'$ における色はそれぞれ黒または白に変化させる．それ以外の頂点の色は変化させない．また，$P_{n+1}$ は白頂点にする（図3）．

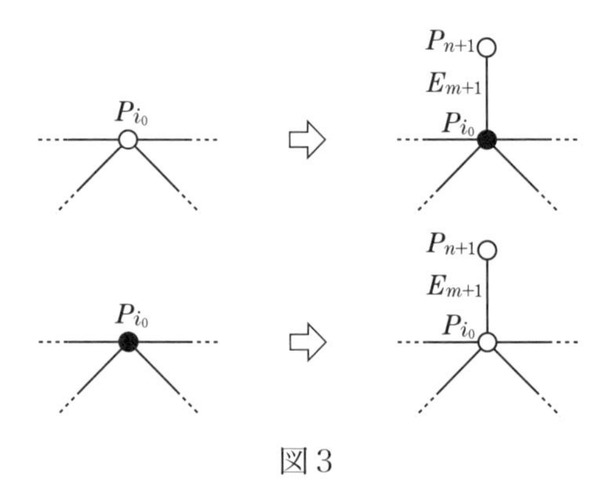


図3

（操作2）　この操作は $G$ の辺 $E_{j_0}$ を1つ選ぶと定まる．$V'$ は $V$ に新しい頂点 $P_{n+1}$ を加えたものとする．$W'$ は $W$ から $E_{j_0}$ を取り去り，新しい辺 $E_{m+1}$，$E_{m+2}$ を加えたものとする．$E_{j_0}$ の頂点が $P_{i_1}$ と $P_{i_2}$ であるとき，$E_{m+1}$ の頂点は $P_{i_1}$ と $P_{n+1}$ であり，$E_{m+2}$ の頂点は $P_{i_2}$ と $P_{n+1}$ であるとする．$G'$ のそれ以外の辺の頂点は $G$ での対応する辺の頂点と同じとする．$G$ において頂点 $P_{i_1}$ の色が白または黒ならば，$G'$ における色はそれぞれ黒または白に変化させる．$P_{i_2}$ についても同様に変化させる．それ以外の頂点の色は変化させない．また $P_{n+1}$ は白頂点にする（図4）．

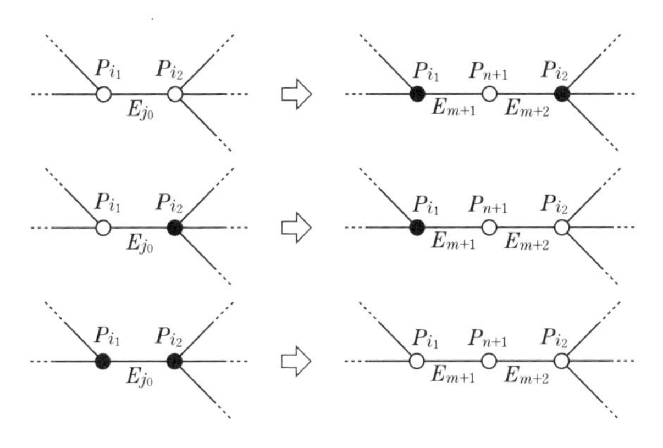


図 4

出発点のグラフ $G_1$ にこれら 2 種類の操作を有限回繰り返し施して得られるグラフを可能グラフと呼ぶことにする．次の問いに答えよ．

(1)　図 5 の 3 つのグラフはすべて可能グラフであることを示せ．ここで，すべての頂点の色は白である．

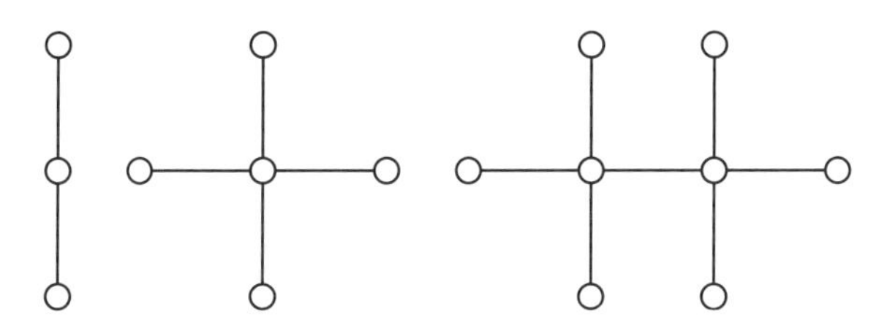

図 5

(2)　$n$ を自然数とするとき，$n$ 個の頂点を持つ図 6 のような棒状のグラフが可能グラフになるために $n$ の満たすべき必要十分条件を求めよ．ここで，すべての頂点の色は白である．

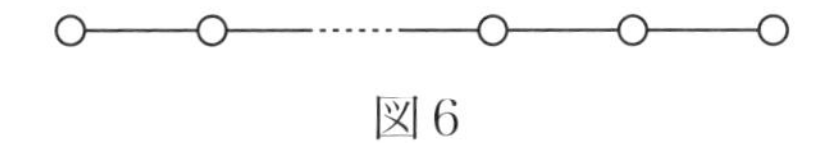

図 6

(1998 東京大学　理系（後期））

……………………………… ▽▼▽　**略解**　▽▼▽ ………………………………

(1)　操作1は「ある頂点の白黒を反転させた上で，その頂点から出る辺を1本と，その辺のもう1つの端点となる白頂点を1つ追加する」ことを意味し，操作2は「ある辺の両端の点の白黒を反転させた上で，その辺を，両端の点から1本ずつ出る2本の辺と置き換え，さらに，その2本の辺の共通の端点となる白頂点を1つ追加する」ことを意味する．以下，操作1を「→」，操作2を「⇒」で表すと，

○　→　●−○　→　○−○−○

で左のグラフが実現し，この真ん中の点に対して操作1を2回施すと真ん中のグラフが実現．また，

●−○　⇒　○−○−●　→　○−○−○−○

とした上で，両端以外の2点に対し操作1を2回ずつ施すことで右のグラフが実現．

(2)　$n \equiv 0 \text{ or } 1 \pmod 3$（その結論に至る詳細は本文参照）．

………………………………………………………………………………………

この例題13-1は，まず操作1と操作2の内容を把握する時点でかなりハードルが高くなっています．特に，操作2の定義では，1つの辺を取り除いて2つの辺を追加するという書き方になっているので，これが「1つの辺の途中に頂点を追加してその辺を2つに分割する」という内容となっていることを理解しないと，何をすればよいかわかりません．

さらに，(2)については，操作1と操作2の入れ替えが可能であることに気付けば，$n \equiv 0 \text{ or } 1 \pmod 3$であれば$n$個の頂点を持つ白頂点だけの棒状グラフが可能グラフとなることまでは示せるとしても，$n$がそれ以外の値をとらないことを厳密に説明するのは，入試の時間内ではほぼ不可能でしょう．

せっかくこの問題を取り上げたので，それが入試の解答であることは度外視して，この例題13-1の(2)についての詳しい解答例を作成してみます．

**【例題13-1(2)の解答例】**

**(step0：議論の準備)**

ここでは，図6のように，グラフが全ての頂点をたどる分岐のない1本の経路となっているようなものを，頂点の色にかかわらず「棒状グラフ」と呼び，その中でも全ての頂点の色が白であるものを「白色棒状グラフ」と呼ぶことにする．ただし，「棒状グラフ」は，頂点が1個だけで辺のないグラフも含むもの

とする．

棒状グラフでないグラフ（すなわち，分岐のあるグラフ）に対し，操作 1 または操作 2 を施しても，棒状グラフにはならないので，もしある白色棒状グラフ $G$ が可能グラフであるならば，$G_1$ から出発して操作 1 または操作 2 を繰り返して $G$ に至る過程において出現するグラフは全て棒状グラフであることになる．したがって，ある白色棒状グラフが可能グラフであるかどうかを検討する際には，操作 1 や操作 2 は，棒状グラフの範囲を逸脱しない形でしか使用しないと考えてよい．操作 2 については，棒状グラフのどの辺に対して施してもその結果は棒状グラフとなるが，操作 1 については，棒状グラフの両端以外の頂点に対して施すと棒状グラフではなくなってしまうので，以下，操作 1 は棒状グラフの両端のどちらかの頂点のみを対象として行うものとする．（ただし，$G_1$ に対しては，その唯一の頂点を対象に操作 1 を施すことができる．）

1 個の頂点を持つ白色棒状グラフは，$G_1$ そのものなので，これは可能グラフである．$G_1$ から出発して $G_1$ 以外の可能グラフを作る際の最初の操作は操作 1 でしかありえないので，$G_1$ に対して操作 1 を 1 回施したグラフを $G_2$ として，以降 $G_2$ を出発点として考える．$G_2$ は黒頂点と白頂点を 1 個ずつ持つ棒状グラフであるが，議論を簡単にするために，$G_2$ においては黒頂点を始点，白頂点を終点とみなし，始点を対象として操作 1 を行う場合は，操作 1 で追加される白頂点を始点とし，終点はそのまま保持するというように，始点と終点の区別を維持したまま操作を繰り返すものとする．また，棒状グラフを図示する際は，辺を省略して，始点から始まる頂点の列を，白頂点は○，黒頂点は●で表すものとする．これに従うと，$G_2$ は「●○」と表されることになる．

**(step1：操作 1 だけ先にまとめても構わないことを示す)**

ある棒状グラフ $G$ に対し，始点を対象とした操作 1 を施した結果得られるグラフを $f_S(G)$，終点を対象とした操作 1 を施した結果得られるグラフを $f_E(G)$，始点側から数えて $k$ 番目の辺を対象とした操作 2 を施した結果得られるグラフを $g_{[k]}(G)$ と表す．

いま，$n$ 個（$n \geq 2$）の頂点からなる棒状グラフ $G$ に対し，始点側から数えて $k$ 番目（$1 \leq k \leq n-1$）の辺を対象とした操作 2（$g_{[k]}$）を施した上で，終点を対象とした操作1（$f_E$）を施した結果 $(f_E \circ g_{[k]})(G)$ を考える．すると，これは下図のように，$f_E$ を先に施しその後 $g_{[k]}$ を施した結果と一致する．すなわち，$(f_E \circ g_{[k]})(G) = (g_{[k]} \circ f_E)(G)$ となる．(下図で，$c_1, c_2, \cdots$ は，白頂点または黒頂点を表し，$\overline{c_1}, \overline{c_2}, \cdots$ はそれらを白黒反転させたものを表す.)

$k \leqq n-2$ のとき

$$G : c_1 c_2 \cdots c_k c_{k+1} \cdots c_{n-1} c_n$$
$$g_{[k]}(G) : c_1 c_2 \cdots \overline{c_k} \bigcirc \overline{c_{k+1}} \cdots c_{n-1} c_n$$
$$(f_E \circ g_{[k]})(G) : c_1 c_2 \cdots \overline{c_k} \bigcirc \overline{c_{k+1}} \cdots c_{n-1} \overline{c_n} \bigcirc$$
$$f_E(G) : c_1 c_2 \cdots c_k c_{k+1} \cdots c_{n-1} \overline{c_n} \bigcirc$$
$$(g_{[k]} \circ f_E)(G) : c_1 c_2 \cdots \overline{c_k} \bigcirc \overline{c_{k+1}} \cdots c_{n-1} \overline{c_n} \bigcirc$$

$k = n-1$ のとき

$$G : c_1 c_2 \cdots c_{n-1} c_n$$
$$g_{[k]}(G) : c_1 c_2 \cdots \overline{c_{n-1}} \bigcirc \overline{c_n}$$
$$(f_E \circ g_{[k]})(G) : c_1 c_2 \cdots \overline{c_{n-1}} \bigcirc c_n \bigcirc$$
$$f_E(G) : c_1 c_2 \cdots c_{n-1} \overline{c_n} \bigcirc$$
$$(g_{[k]} \circ f_E)(G) : c_1 c_2 \cdots \overline{c_{n-1}} \bigcirc c_n \bigcirc$$

操作2と始点を対象とする操作1（$f_S$）を続けて施す場合も，同様にして操作手順を入れ替えることが可能であり，$(f_S \circ g_{[k]})(G) = (g_{[k+1]} \circ f_S)(G)$ となる．

以上より，$G_2$ から出発して，あるグラフに到達する操作手順の中に，操作2の後に操作1を行うような手順が含まれるならば，操作2と操作1の順番を入れ替えて，なおかつ得られる結果は変わらないような操作手順が必ず存在することがわかる．さらに，その操作手順の入れ替えを繰り返し行うことにより，最終的に得られるグラフを変えずに，操作2の後に操作1を行うことがないような手順に変更することができる．したがって，あるグラフが可能グラフであるかどうかを検討する際には，先に操作1のみを繰り返し行い，その後操作2のみを繰り返し行う手順だけを考えればよい．

**(step2：操作１だけで得られるグラフを求める)**

次に，$G_2$ から出発して，操作 1（$f_S$ 及び $f_E$）のみを繰り返し行った場合に到達可能な棒状グラフについて考える．そのグラフのうち，始点から $G_2$ で始点だった頂点までを前部，$G_2$ で終点だった頂点から終点までを後部とすると，$f_S$ は前部のみ，$f_E$ は後部のみにしか影響を及ぼさないので，$f_S$ と $f_E$ の操作の順序は入れ替えても結果は変わらず，その結果も前部と後部に分けて考えればよい．

$G_2$ に対し，$f_S$ を繰り返し行うと，グラフは次のように変化する．(縦線より左がグラフ前部)

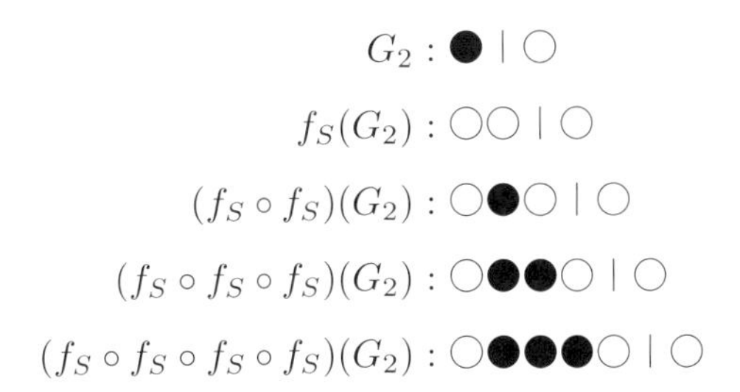


ここから，$G_2$ に対して操作 1 のみを繰り返し行う際に，そのうち $f_S$ が $a$ 回あったとすると，グラフの前部は，$a = 0$ の場合は● 1 個であるが，$a \geqq 1$ の場合は 2 個の○の間に●が $a - 1$ 個並ぶことがわかる．

一方，$G_2$ に対し，$f_E$ を繰り返し行うと，グラフは次のように変化する．(縦線より右がグラフ後部)

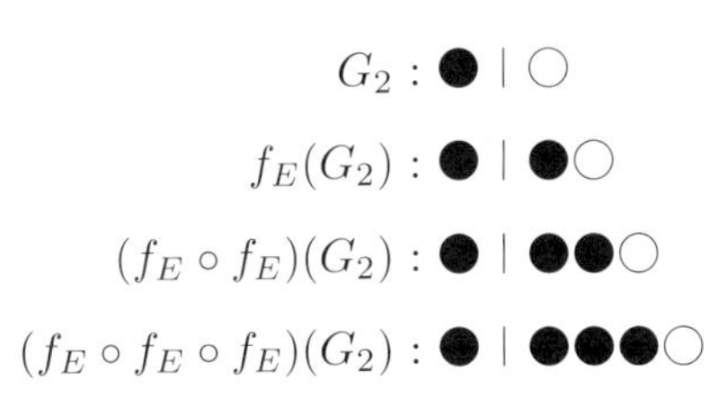


ここから，$G_2$ に対して操作 1 のみを繰り返し行う際に，そのうち $f_E$ が $b$ 回あったとすると，グラフの後部は，●が $b$ 個並んだ後ろに○が 1 個だけ続くことがわかる．

以上より，$G_2$ に対して操作1のみを繰り返し行う際に，その内訳が $f_S$ が $a$ 回，$f_E$ が $b$ 回であったとすると，得られるグラフは次のようなものとなる．

$a=0$ のとき　　［●が $b+1$ 個］○

$a \geqq 1$ のとき　　○［●が $a-1$ 個］○［●が $b$ 個］○

**(step3：操作2だけで白色棒状グラフにできるグラフの条件とその1つの手順を求める)**

今度は，ある棒状グラフ $G$ から出発して操作2のみを繰り返し施すことによって白色棒状グラフが得られる場合の，$G$ の満たすべき条件を考える．操作2は，対象とする辺の両端の頂点の色を反転させた上で，間に○を1個追加するので，操作2を1回施す場合の，反転させる頂点の組合せによる●と○の増減は次のようになる．

●●を反転：●2個減，○3個増

●○を反転：●変化なし，○1個増

○○を反転：●2個増，○1個減

ここから，操作2を何度繰り返しても●の個数の偶奇は変わらないことがわかる．したがって，$G$ の●の個数が偶数であることが，$G$ から出発して最終的に白色棒状グラフとなる，すなわち，●が0個となるための必要条件であることがわかる．そして，●を偶数個含む任意の棒状グラフから，操作2のみを繰り返す次のような手順（手順X）により白色棒状グラフに変化させることができることで，それが必要条件であるだけでなく，十分条件でもあることが示される．

＜手順X＞

棒状グラフ $G$ は，●を $2k$ 個含むものとする．この $G$ 中の●を始点側から順に2個ずつペアにする．すなわち，始点側から $2j-1$ 番目の●と，$2j$ 番目の●をペアとみなす（$1 \leq j \leq k$）．

ペアとなっている2個の●がグラフ上隣接している場合は，この2個の●を端点とする辺を対象として操作2を1回行うことで，下図のようにこの2個の●を3個の○に変えることができる．(対象とする辺を下線，変換後を角カッコ

で示す）

…●●… ⇒ …[○○○]…

ペアとなっている2個の●がグラフ上隣接していない場合は，その2個の間に1個以上の○がはさまれていることになるので，その○の個数を $d$ とすると，下図のように操作2を $d+1$ 回行うことで，●2個＋○ $d$ 個を，$2d+3$ 個の○に変えることができる．

…●○ ○○●…
⇒ …[○○ ●] ○ ○●…
⇒ …○○ [○○ ●] ○ ●…
⇒ …○○○○ [○○ ●] ●…
⇒ …○○○○○○ [○○○]…

以上の操作を $k$ 組全てのペアについて行う．この手順により，$G$ を白色棒状グラフに変化させることができる．

以下，グラフ $G$ の頂点の数を $N(G)$ と書く．また，$G$ が●を偶数個含む棒状グラフのとき，●を始点側から2つずつペアにした場合のペアの数（＝●の数÷2）を $P(G)$，各●のペアにはさまれている○の個数の総数を $Q(G)$，$G$ から手順Xによって得られる白色棒状グラフの頂点の数を $L(G)$ と表すものとすると，$G$ に対する手順Xでは，操作2は $P(G)+Q(G)$ 回行われることになり，1回の操作2により頂点は1個増えるので，$L(G)=N(G)+P(G)+Q(G)$ となる．

**（step4：操作1の繰り返しと手順Xで得られる白色棒状グラフを求める）**

$G_2$ から操作1の繰り返しで得られる棒状グラフのうち，操作2のみで白色棒状グラフにできるもの，すなわち，●が偶数個含まれるものは，以下の3タイプである．

タイプ1：[●が $2k$ 個] ○ $(k=1,2,3,\cdots)$
タイプ2：○ [●が $2j$ 個] ○ [●が $2k$ 個] ○ $(j,k=0,1,2,\cdots)$
タイプ3：○ [●が $2j+1$ 個] ○ [●が $2k+1$ 個] ○ $(j,k=0,1,2,\cdots)$

・$G$ がタイプ1のとき

$N(G) = 2k+1$，$P(G) = k$，$Q(G) = 0$ より，$L(G) = 3k+1$

・$G$ がタイプ2のとき

$N(G) = 2(j+k)+3$，$P(G) = j+k$，$Q(G) = 0$ より，$L(G) = 3(j+k+1)$

・$G$ がタイプ3のとき

$N(G) = 2(j+k)+5$，$P(G) = j+k+1$，$Q(G) = 1$ より，$L(G) = 3(j+k+2)+1$

以上より，$G$ がタイプ1～3のいずれかであるときの $L(G)$ の値，すなわち，$G_2$ から操作1の繰り返しと手順Xによって得られる白色棒状グラフ頂点の数は，$3k+1$（$k = 1, 2, 3, \cdots$）または $3k$（$k = 1, 2, 3, \cdots$）で表される任意の整数値を取りうる．さらに，○1個だけからなる白色棒状グラフ $G_1$ が可能グラフであることも考慮すると，自然数 $n$ が $n \equiv 0 \,\mathrm{or}\, 1 \pmod 3$ を満たすならば，$n$ 個の頂点を持つ白色棒状グラフは可能グラフであると言える．

**（step5：可能グラフとなる白色棒状グラフが step4 で求めたもので全てであることを示す）**

ここまでで，自然数 $n$ が $n \equiv 0 \,\mathrm{or}\, 1 \pmod 3$ を満たすならば，$n$ 個の頂点を持つ白色棒状グラフは可能グラフであることと，$G_2$ から操作1の繰り返しと手順Xにより得られる白色棒状グラフの頂点の数 $n$ が $n \equiv 0 \,\mathrm{or}\, 1 \pmod 3$ を満たすことは示されたが，$G_2$ から操作1の繰り返しで得られた棒状グラフから，操作2だけの繰り返しからなる手順Xとは異なる手順で得られた白色棒状グラフの頂点の数 $n$ が必ず $n \equiv 0 \,\mathrm{or}\, 1 \pmod 3$ を満たすことはまだ示されていない．以下これを示すために必要な，次の補題が成立することを示す．

補題「$G$ を●が偶数個含まれる棒状グラフとし，$G'$ を $G$ の任意の辺に対して操作2を施して得られる棒状グラフとするなら，$L(G') \equiv L(G) \pmod 3$ となる」

操作2を施す対象の辺を $E$ とする．$G$ に含まれる●を，始点側から順に2個ずつペアにした状態を考え，$E$ の両端の頂点が，ペアの配置に対しどのような関係となっているかによって場合分けして検討する．(以下，互いにペアをなす●を両端とする一連の頂点の並びを，カッコで囲んで示す.)

(i)　$E$ の両端がいずれも●である場合

(i-1)　$E$ の両端の●がペアをなしている場合

　$G$ : ⋯(●●)⋯

　$G'$ : ⋯○○○⋯

$N(G') = N(G) + 1$, $P(G') = P(G) - 1$, $Q(G') = Q(G)$ より

$L(G') = L(G)$

(i-2)　$E$ の両端の●が異なるペアに属する場合

　$G$ : ⋯(●⋯●)(●⋯●)⋯

　$G'$ : ⋯(●⋯○○○⋯●)⋯

$N(G') = N(G) + 1$, $P(G') = P(G) - 1$, $Q(G') = Q(G) + 3$ より

$L(G') = L(G) + 3$

(ii)　$E$ の両端の片方が●で片方が○の場合

(ii-1)　$E$ の両端のうちの○が，互いにペアをなす●に挟まれている場合

　$G$ : ⋯(●○⋯●)⋯

　$G'$ : ⋯○○ (●⋯●)⋯

$N(G') = N(G) + 1$, $P(G') = P(G)$, $Q(G') = Q(G) - 1$ より

$L(G') = L(G)$

(ii-2)　$E$ の両端のうちの○が，互いにペアをなす●に挟まれていない場合

　$G$ : ⋯(●⋯●) ○⋯

　$G'$ : ⋯(●⋯○○●)⋯

$N(G') = N(G) + 1$, $P(G') = P(G)$, $Q(G') = Q(G) + 2$ より

$L(G') = L(G) + 3$

(iii)　$E$ の両端がいずれも○である場合

(iii-1)　$E$ が，互いにペアをなす●に挟まれている場合

　$G$ : ⋯(●⋯○○⋯●)⋯

　$G'$ : ⋯(●⋯●) ○ (●⋯●)⋯

$N(G') = N(G) + 1$, $P(G') = P(G) + 1$, $Q(G') = Q(G) - 2$ より

$L(G') = L(G)$

(iii-2)　　$E$ が，互いにペアをなす●に挟まれていない場合

　　$G$：…○○…

　　$G'$：…(●○●)…

　$N(G') = N(G) + 1$，$P(G') = P(G) + 1$，$Q(G') = Q(G) + 1$ より

　$L(G') = L(G) + 3$

　以上より，いかなるケースにおいても $L(G') = L(G)$ または $L(G') = L(G)+3$ となるので，$L(G') \equiv L(G) \pmod 3$ となり，補題は成立する．

　$n$ が 2 以上の自然数であり，$n$ 個の頂点を持つ白色棒状グラフ $G$ が可能グラフであるならば，$G$ は，$G_2$ に操作 1 のみを繰り返し施すことで得られるあるグラフ $H$ に対し，操作 2 のみを繰り返し施すことによって得られる．そのような $H$ に含まれる●が偶数個であることと，$H$ が●を偶数個含むとき $L(H) \equiv 0 \text{ or } 1 \pmod 3$ となることは既に示されており，補題を繰り返し適用することで $L(G) \equiv L(H) \pmod 3$ が言えるので，$L(G) \equiv 0 \text{ or } 1 \pmod 3$ となる．明らかに $L(G) = n$ なので，$n \equiv 0 \text{ or } 1 \pmod 3$ が成立する．

　$n = 1$ もこの関係を満たすことから，$n$ を自然数とするとき，$n$ 個の頂点を持つ白色棒状グラフ $G$ が可能グラフであるならば，$n \equiv 0 \text{ or } 1 \pmod 3$ となる．自然数 $n$ が $n \equiv 0 \text{ or } 1 \pmod 3$ を満たすならば，$n$ 個の頂点を持つ白色棒状グラフは可能グラフであることは既に示されているので，結局求める必要十分条件は，$n \equiv 0 \text{ or } 1 \pmod 3$ となる．

## 13.2　カークマンの問題とブロックデザイン

　**ブロックデザイン**とは，平たく言うと,「まんべんなく組み合わせる方法」を定式化したものであり，実験の条件の組み合わせかたや，身近なところではアルバイトのシフト表やリーグ戦の対戦表の作成など，様々な応用が考えられます．

　ブロックデザインで取り扱うのは，$v$ 個の元からなる集合 $\Omega$ と，$\Omega$ の元から $k$ 個を取り出した $\Omega$ の部分集合（ブロック）の集合 $\boldsymbol{B}$ の組 $(\Omega, \boldsymbol{B})$ です．$\Omega$ の

元からどの $t$ 個の組を選んでも，それらが同時に含まれるような $\boldsymbol{B}$ の元がちょうど $\lambda$ 個存在するとき，その $(\Omega, \boldsymbol{B})$ のことを，$t$–$(v,k,\lambda)$ デザインと呼びます．これだけではイメージを掴みにくいので，具体例として次の有名な問題を考えてみましょう．

**カークマンの女学生問題**

15 人の女学生は，7 日間毎朝，3 人のグループ 5 組を作って散歩に出かける．このとき，15 人のうちどの 2 人についても，同じグループで散歩に出かけるのがちょうど 1 回となるように，7 日間の散歩のグループ分けを考えよ．

1850 年に T.P.Kirkman が提示したこの問題は，毎朝 5 グループが同時に散歩に出かけるという点を無視すれば，15 人から 3 人ずつを選んだブロックをいくつか作り，どの 2 人をとっても同時に入るブロックが 1 組だけになるようにするようなブロック集合のデザイン，すなわち，2–(15, 3, 1) デザインを作る問題となっています．

さらに，ここでは，そのブロック集合 $\boldsymbol{B}$ を 7 つのブロック集合 $\boldsymbol{B}_1, \boldsymbol{B}_2, \cdots, \boldsymbol{B}_7$ に分割して，その分割された各ブロック集合の中には，どの 1 人をとっても含まれるブロックが 1 組だけ存在するようにすることが求められています．つまり，7 つの 1–(15, 3, 1) デザインに分割される 2–(15, 3, 1) デザインを作れというのが，この問題の意味するところです．このように，いくつかの 1–$(v,k,\lambda)$ デザインに分割できる $t$–$(v,k,\lambda)$ デザインのことを，**分解可能**なデザインと呼びます．

さて，このカークマンの問題を，「3 人ずつの散歩」という枠組みで 15 人をまんべんなく平等に接触させる問題と考えると，単純には ${}_{15}\mathrm{C}_3 = 455$ 通り全ての組合せで散歩させればよいことになりますが，3 人ずつの組合せを全て試したいのではなく，その中での 1 対 1 の接触のパターンを全て実現させればよいと考えることで，効率のよい組合せかたを設計するというのが，ブロックデザインの考え方です．

このようにブロックデザインは，その意味するところは明確ですが，実際に目的のブロック集合を設計するとなると，その解にあまり明確な対称性が認められないことも多く，その研究にも，現実の課題に応用する場合にも，コンピューターのプログラムの助けが必要不可欠です．

入試問題では，このカークマンの問題を単純化した $2\text{–}(12,2,1)$ デザインの例が，穴埋め問題として出題されたことがあります（例題13-2）．これは，スポーツのリーグ戦などで，12チームによる総当たり戦を11日間で行う場合の対戦表を作成する問題とみなすこともできます．

**例題13-2**　12人の仲間は毎日2人ずつで組をつくり，散歩に出かける．11日間で同じ人と2度組むことなく，すべての人と散歩にでかけることができた．以下の表はその組合せであり，12人をA，B，C，D，E，F，G，H，I，J，K，Lとしてある．空欄のうちア，イ，ウに当てはまる人を答えなさい．

| | | | | | | |
|---|---|---|---|---|---|---|
| 1日目 | AB | CD | EF | GH | IJ | KL |
| 2日目 | AE | DL | GK | FI | CB | HJ |
| 3日目 | AG | □J | FH | [ア]C | DE | IB |
| 4日目 | AK | □E | HC | IL | □J | DG |
| 5日目 | AH | □G | ID | □J | BK | [イ]F |
| 6日目 | AI | □F | CL | □B | EH | JK |
| 7日目 | AC | FK | □D | EL | □I | BH |
| 8日目 | AD | KH | BL | □G | □C | EI |
| 9日目 | AL | [ウ]H | JE | BF | □K | CG |
| 10日目 | AJ | IC | BG | □E | HL | □D |
| 11日目 | AF | □J | KI | □D | LG | CE |

（2006 慶応義塾大　総合政策）

▽▼▽　**略解**　▽▼▽

3日目の2つの空欄にはKとLが入るが，6日目にCLとJKが存在するので，ここはLJとKCの組合せとなる．また，4日目の2つの空欄にはBとFが入るが，1日目にEFが存在するので，ここはBEとFJの組合せとなる．

このように，組合せが重複せず，なおかつ毎日のメンバーも重複しないように空欄を埋めていくと，最終的には次表のようになる．

| | | | | | | |
|---|---|---|---|---|---|---|
| 1 日目 | AB | CD | EF | GH | IJ | KL |
| 2 日目 | AE | DL | GK | FI | CB | HJ |
| 3 日目 | AG | LJ | FH | KC | DE | IB |
| 4 日目 | AK | BE | HC | IL | FJ | DG |
| 5 日目 | AH | EG | ID | CJ | BK | LF |
| 6 日目 | AI | GF | CL | DB | EH | JK |
| 7 日目 | AC | FK | JD | EL | GI | BH |
| 8 日目 | AD | KH | BL | JG | FC | EI |
| 9 日目 | AL | IH | JE | BF | DK | CG |
| 10 日目 | AJ | IC | BG | KE | HL | FD |
| 11 日目 | AF | BJ | KI | HD | LG | CE |

よって，ア：K，イ：L，ウ：I　となる．

## 13.3 カオスとフラクタル

自然現象や社会現象をモデル化する際，離散的な時間経過を想定してステップ毎の系の状態の変化を考えることがあります．その際，マルコフ連鎖のように状態の確率的変化を考える場合もありますが，ある時刻での状態が直前の時刻の状態の関数として表される場合，その系は**離散力学系**と呼ばれます．

時刻 $n$ の状態値を $x_n$，状態の変化を表す関数を $f$ とすると，$x_0$ を初期値として漸化式 $x_n = f(x_{n-1})$ で表される数列 $x_0, x_1, \cdots, x_n, \cdots$ を，この力学系の $x_0$ を初期値とする**軌道**と呼びます．**カオス**という言葉は，この離散力学系における軌道のある状態を表す概念として登場しました．

いま，状態値 $x_n$ の取りうる値の範囲を $[0,1]$ とし，$f$ として $f(x) = ax(1-x)$（ただし，$a$ は $1 < a \leqq 4$ の定数）を考えます．この系では，$x_0 = 0, \dfrac{a-1}{a}$ のとき $x_n = x_0$ となるので，これらは**不動点**となります．また，自然数 $m$ について，$x_m = x_0$，かつ，$1 \leqq k < m$ では $x_k \neq x_0$ のとき，この $x_0$ を周期 $m$ の**周期点**（$m$ 周期点）と呼ぶとすると，$a > 3$ では 2 周期点が出現し，$a > 1 + \sqrt{6}$ では 4 周期点が出現します．

$1 < a \leqq 3$ のときの系の挙動を調べると，$x_0$ が 0 と 1 の場合を除き，必ず

$\lim_{n\to\infty} x_n = \dfrac{a-1}{a}$ となります（図 13.2）．この場合，$x_0 = \dfrac{a-1}{a}$ は不動点として安定していると言えます．(それに対し，$x_0 = 0$ は不動点として不安定です．)

しかし，$3 < a \leqq 1+\sqrt{6}$ では，$x_0$ を初期値とする軌道は，有限時間内に不動点と一致する場合を除き，必ず 2 周期点から始まる軌道に漸近し，$\dfrac{a-1}{a}$ には収束しません（図 13.3）．この場合は，これらの 2 周期点は周期点として安定しており，$\dfrac{a-1}{a}$ は不動点として不安定です．さらに，$a$ が $1+\sqrt{6}$ を超えてある値までの範囲では，4 周期点が安定，2 周期点や不動点は不安定となります．

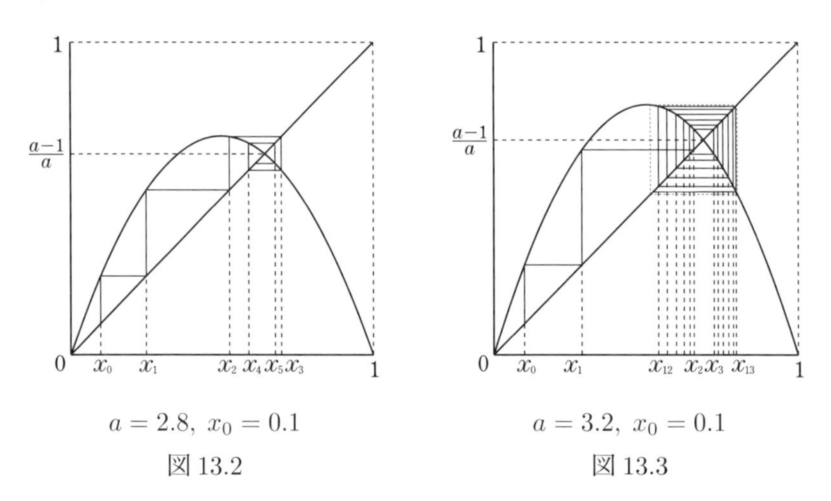


$a = 2.8,\ x_0 = 0.1$
図 13.2

$a = 3.2,\ x_0 = 0.1$
図 13.3

このように，$a$ の値が大きくなると，漸近軌道の周期は $1, 2, 4, 8, \cdots$ と倍々に増えていきますが，$a$ がある敷居値 $b_1$ (= 約 3.57) を超えると状況は大きく変わります．$b_1 < a \leqq 4$ では，安定な周期軌道というものは消滅し，どの軌道も初期値を少しでも動かせば挙動が大きく変わる不安定なものとなります．また，いかなる周期軌道にも収束しない軌道も出現します（図 13.4）．さらに，$a$ の値を大きくしていくと，$b_2$ (= 約 3.83) を超えた時点からこれまで存在しなかった 3 周期点や 5 周期点などのあらゆる周期の周期点が出現します（図 13.5）．このような，いたるところで不安定な離散力学系の軌道の状況こそ，(リーとヨークによって）最初に定式化された「カオス的な状況」なのです．

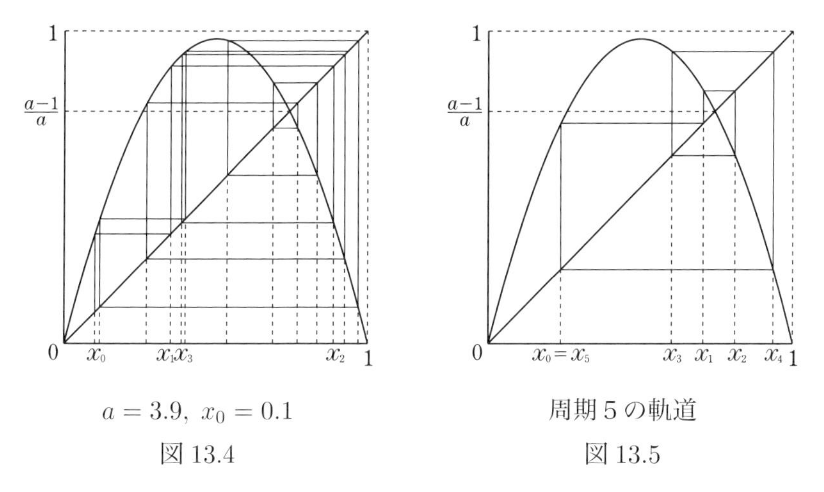


$a = 3.9,\ x_0 = 0.1$

図 13.4

周期 5 の軌道

図 13.5

ある現象を離散力学系でモデル化したとき，パラメータによってカオス的な状況が出現するならば，その現象において「ある条件下では規則的な挙動を示すが，別の条件下では予測不能なランダムな挙動が観察される」ことの説明がつきます．

次の問題は，上の離散力学系の $f$ として，$y = f(x)$ のグラフが放物線の代わりに直線的な山型となる場合を扱っています．ただし，$n \geqq 1$ では $0 \leqq x_n \leqq 1$ ですが，(2)(b) の性質を導くため，初期値 $x_0$ を任意の実数として，$f(x)$ のグラフはその山型を繰り返した三角波として定義しています．この離散力学系は，初期値が有理数ならば有限ステップ以降は周期軌道となり，初期値が無理数ならば周期軌道に収束しない軌道をとります．この軌道の状況も，どの軌道も不安定な，カオス的状況と言えます．

**例題 13-3**　$f(x) = 1 - 2\left|x - [x] - \dfrac{1}{2}\right|$ とする．ただし，$[x]$ は $x$ のガウス記号で $x$ を超えない最大の整数である．

(1)　$y = f(x)$ のグラフを描け．

(2)　数直線上で，動点 P が $x_0$ から出発して，$x_1 = f(x_0)$，$x_2 = f(x_1)$，…，$x_n = f(x_{n-1})$，…という関係で移動を繰り返すとき，以下の問いに答えよ．

(a)　$x_0 = \dfrac{1}{3}$ のとき，$x_1$，$x_2$，$x_3$ の値を求めよ．

(b)　動点 P の座標 $x_0$，$x_1$，$x_2$，$\cdots$ に対し，$n \geqq 2$ のとき，$x_n = f(2^{n-1}x_0)$ が成り立つことを，数学的帰納法で証明せよ．

(c)　動点 P が，異なる 2 点間を往復運動している場合，その 2 点を求めよ．　　(1995 お茶の水女子大　理)

▽▼▽　**略解**　▽▼▽

(1)

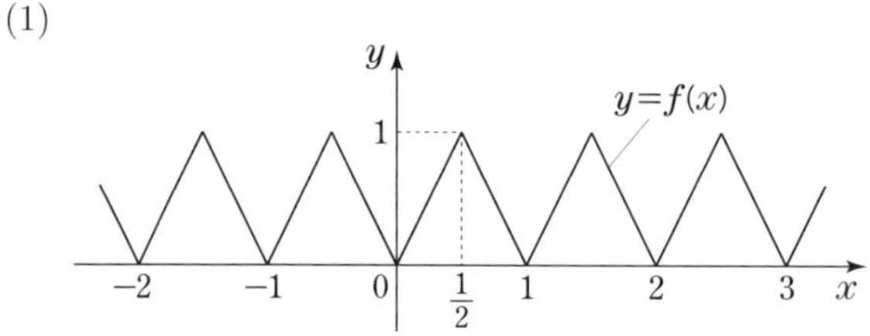


(2) (a)　$x_1 = f\left(\dfrac{1}{3}\right) = \dfrac{2}{3}$，$x_2 = f\left(\dfrac{2}{3}\right) = \dfrac{2}{3}$，$x_3 = f\left(\dfrac{2}{3}\right) = \dfrac{2}{3}$

(b)　$x_1 = f(x_0)$ より，$n = 1$ で成立．

$n = k$ で成立する場合，$x_k = f(2^{k-1}x_0)$．

$a = [2^{k-1}x_0]$，$b = [2^{k-1}x_0] - a$ とすると，$f(x)$ は周期 1 の周期関数なので，

$x_k = f(2^{k-1}x_0) = f(a + b) = f(b)$ であり，

$0 \leqq b < \dfrac{1}{2}$ のとき $x_k = 2b$，$x_{k+1} = f(2b)$．

$\dfrac{1}{2} \leqq b < 1$ のとき $x_k = 2 - 2b$，$x_{k+1} = f(2 - 2b) = f(2b - 2) = f(2b)$．

また，$f(2^k x_0) = f(2(a + b)) = f(2a + 2b) = f(2b)$（∵ a は整数）より

$x_{k+1} = f(2^k x_0)$ となり，$n = k + 1$ でも成立．

よって，数学的帰納法により $n \geqq 1$ で成立．

(c)　題意より $x_2 = x_0$ かつ $x_1 \neq x_0$．

ここで，(b) の結果より $x_0 = x_2 = f(2x_0)$ で，$f$ の値域より $0 \leqq x_0 \leqq 1$ である．

$0 \leqq x_0 \leqq \dfrac{1}{4}$ のとき，$x_0 = 2(2x_0)$ より，$x_0 = 0$ となるが，$x_1 = 0 = x_0$ となり不可．

$\frac{1}{4} \leqq x_0 \leqq \frac{1}{2}$ のとき，$x_0 = 2 - 2(2x_0)$ より，$x_0 = \frac{2}{5}$，$x_1 = \frac{4}{5}$.
$\frac{1}{2} \leqq x_0 \leqq \frac{3}{4}$ のとき，$x_0 = 2(2x_0 - 1)$ より，$x_0 = \frac{2}{3}$ となるが，
　$x_1 = \frac{2}{3} = x_0$ となり不可.
$\frac{3}{4} \leqq x_0 \leqq 1$ のとき，$x_0 = 2 - 2(2x_0 - 1)$ より $x_0 = \frac{4}{5}$，$x_1 = \frac{2}{5}$.
以上より，往復運動をしている２点は $\frac{2}{5}$ と $\frac{4}{5}$.

「いたるところで不安定な複雑な状況」をモデル化したものがカオスならば，**フラクタル**は「いたるところで滑らかでない複雑な形状」に数学的解釈を与えたものと言えます．図形の複雑さを示す指標として，**ハウスドルフ次元**というものがあり．単純な曲線や曲面の場合は，通常の意味での次元と同じで１や２という値をとりますが，フラクタルの場合，ハウスドルフ次元はそれより大きい値をとります．例えば，例題 13-4 で $T_n$ の $n \to \infty$ とした極限として現れる**コッホ曲線**であれば，ハウスドルフ次元は約 1.26 となります．

フラクタルは必ずしもきれいな規則性を持つ形ばかりではありませんが，フラクタル図形の例として数学で取り上げるものには，**自己相似性**という共通の特徴があります．例題 13-4 の曲線は，線分を同じ形状の折れ線の相似形で置き換える手続きを無限に繰り返した極限として定義しており，自己相似性は自明ですが，そのような自己相似性を意識した定義ではなく，たとえば，$z_0 = 0$，$z_{n+1} = {z_n}^2 + c$ で表される複素数列 $\{z_n\}$ が $n \to \infty$ で $\infty$ に発散しないようなパラメータ $c$ の範囲である**マンデルブロー集合**をガウス平面上にプロットした有名な図形の周として現れるフラクタル曲線などにも，自己相似性が認められます．ＣＧで描かれたマンデルブロー集合のあまりに不可思議な形状を見て驚いた経験のある人は多いことでしょう．

なお，コッホ曲線等の規則的な手続きで定義されたフラクタル図形は，入試では数列の極限の問題としてしばしば取り上げられます．

**例題 13-4**　平面内に多角形が与えられたとき，その各辺に対し次の操作を施すことを考える：

(イ) 多角形の辺，それを仮に AB とすると，辺 AB を 3 等分する内点 C,D をこの順にとり，これら 2 点を頂点とする正三角形の C,D 以外の頂点を E とし，点 A,C,E,D,B を順に線分で結んでできる折れ線により，辺 AB をおきかえる．ただし，点 E は常に多角形の外側にとるものとする．

1 辺の長さが 1 の正三角形 $T_0$ の各辺に対し，上の操作 (イ) を施してできる多角形を $T_1$，$T_1$ の各辺に対し操作 (イ) を施してできる多角形を $T_2$，$T_2$ の各辺に対し操作 (イ) を施してできる多角形を $T_3$，以下同様にして，多角形 $T_n$ から多角形 $T_{n+1}$ をつくる．(下の図は左から順に，$T_0, T_1, T_2$ を描いたものである．)

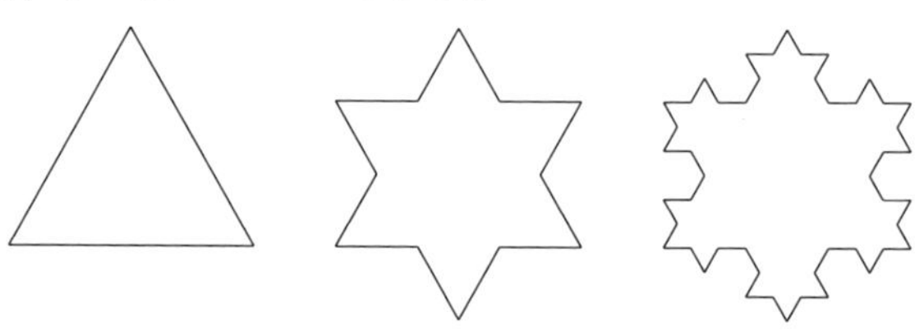

このとき，次の問いに答えよ．

(1)　多角形 $T_n$ に含まれる辺の個数 $a_n$ および 1 辺の長さ $l_n$ を，それぞれ $n$ を用いて表せ．

(2)　多角形 $T_n$ の面積 $S_n$ を $n$ を用いて表し，$n \to \infty$ のときの極限を調べよ．

(3)　多角形 $T_n$ の周の長さ $L_n$ を $n$ を用いて表し，$n \to \infty$ のときの極限を調べよ．

(2006 鳥取大　医)

▽▼▽　**略解**　▽▼▽

(1)　$a_n = 3 \cdot 4^n$，$l_n = \dfrac{1}{3^n}$.

(2)　$S_0 = \dfrac{\sqrt{3}}{4}$ であり，以下 $n \geqq 1$ とすると，

$$S_n = S_{n-1} + \frac{\sqrt{3}}{4} \cdot l_n^2 \cdot a_{n-1} = S_{n-1} + \frac{3\sqrt{3}}{16}\left(\frac{4}{9}\right)^n.$$

$$S_n = S_0 + \sum_{k=1}^{n} \frac{3\sqrt{3}}{16}\left(\frac{4}{9}\right)^k$$

$$= \frac{\sqrt{3}}{4} + \frac{3\sqrt{3}}{16} \cdot \frac{4}{9} \cdot \frac{1 - \left(\frac{4}{9}\right)^n}{1 - \frac{4}{9}} = \frac{2\sqrt{3}}{5} - \frac{3\sqrt{3}}{20}\left(\frac{4}{9}\right)^n.$$

これは $n = 0$ も満たす．また，$\lim_{n \to \infty} S_n = \dfrac{2\sqrt{3}}{5}$.

(3)　$L_n = a_n \cdot l_n = 3 \cdot \left(\dfrac{4}{3}\right)^n$ であり，$L_n \to \infty\ (n \to \infty)$ となる．

## 13.4　連載の最後に

今回で，本連載・大学数学と入試問題研究は最終回となります．「大学で学ぶ数学」と「大学入試の数学」とを架橋するという目論見をもって始めたこの連載は，解析学→線形代数→代数学・数論→確率・統計→応用数学，といった流れで，全13回に渡り様々な話題を取り上げてきました．

本連載で取り上げた話題を「大学入試の数学」（＝高校で学ぶ数学）の側からみると，そこには網羅性はありません．というのも，大学入試問題は，時間制限の中で予め解けるように仕組まれた小作品であり，数学的に重要なテーマを背景とした問題というのは希少だからです．また,「大学で学ぶ数学」の側からみても，高等学校の学習内容と連動させることが可能な話題がさほど多いわけではありませんが，それでも，出題者側の目線でリサーチしてみると，工夫をこらして高校生にも解き得る設定として再構築された出題素材はそれなりに見つかります．今回の連載では，それらの問題について，受験における解答テクニックという方向からではなく，それらが本当はどのような意味を持つ内容なのかということを中心に解説してきました．

読者の中でも高校生に受験指導を行う現場に立たれている先生方におかれては，知的好奇心旺盛な生徒への話題提供の一助としてお役立ていただければと願っています．また，意欲的な大学受験生の方には，今は大学入試に向けて「すばやく解く」ことに重きを置いて学習している内容が，将来じっくり学ぶことになる内容とどのように繋がっていくのかというイメージを持つことで，表面的な訓練に終わらないより意味のある受験勉強としていただければと思います．

# 単行本版あとがき

数学という学問は「生きて行く上で何の役にも立たない」という理不尽な誹りに常に晒されます．もちろん，理系の生徒であれば，自分の将来に数学が無関係ではないことは理解しているはずですが，数学の具体的な個々の要素について「将来何の役に立つのか」と尋ねられて的確に答えられる先生はあまり多くないのではないでしょうか．そういう意味では，数学に対するあまりにも大きな無理解には，数学を教える側にも責任の一端はありそうです．

数学には，それ自体を研究するという側面と，既存の成果を自然科学や工学の各分野で活用する側面があります．「数学の先生」はつい前者の立場で捉えがちですが，生徒が知りたい「役に立つこと」は多くの場合後者です．本書では受験数学が大学数学にどうつながるかを紹介しましたが，さらにその先，各人の進む専門分野でも数学は日常的に道具として使われるという当たり前の事実を当たり前のこととして生徒に伝えるため，本書が一助となれば幸いです．

2013 年 3 月　斉藤　浩

本書のもととなる連載記事が「理系への数学」誌に掲載されていたころと現在とでは，高校数学の学習指導要領が改訂され，学習内容には若干の変更が生じています．しかし，理系の大学に進学しようとする学生さんにとって，学ぶべき目標に有意な差はありません．高校生の進学をサポートする仕事をしていると，大学の先生方が高校生に対して「学んできてほしいこと」が何なのかを感じ取ることができますし，それを学生たちに伝えるような努力もしています．

数学を学ぶことで獲得できる思考力は何か．具体と抽象の間を往復するような思考方法というのは，その一つでしょう．具体（目の前の問題）の背後には抽象（数学上の理論）が横たわっています．具体と抽象の間でバランスがとれていると，数学で学んだ技法でいろいろな問題を解決することができます．将来にわたって数学を学び活用しようという意欲ある学生さんと，彼らを導いて下さる指導者の皆様に，本書がささやかにお役に立てれば嬉しく思います．

2013 年 3 月　米谷達也

# 索引

【 あ 】

RSA 暗号系 ............ 121
アステロイド ............ 10
アルゴリズム ............ 165
暗号化 ............ 121

【 い 】

イェンセンの不等式 ...... 43, 46
位数 ............ 115, 116
1 次近似 ............ 17
1 次結合 ............ 144
1 次従属 ............ 49
1 次変換 ............ 69, 81
1 の $n$ 乗根 ............ 62, 105
1 の 3 乗根 ............ 98
一様分布 ............ 151
一般項 ............ 143
$\varepsilon-\delta$ 論法 ............ 31
因数定理 ............ 96
因数分解 ............ 97

【 う 】

上三角行列 ............ 75

【 え 】

$n$ 階導関数 ............ 18
$n$ 進法 ............ 131
$n$ 倍角公式 ............ 56
円周率 ............ 15, 22
円分多項式 ............ 105

【 お 】

オイラーの関数 ........ 106, 115
オイラーの式 ............ 164
オイラーの定理 ............ 118
黄金比 ............ 136
応用数学 ............ 150, 163

【 か 】

カークマンの問題 ............ 177
階乗 ............ 2
階数 ............ 73
回転移動 ............ 91
解と係数の関係 ............ 102
ガウス整数 ............ 99
ガウス平面 ............ 95
カオス ............ 179
可換環 ............ 100, 112
拡大係数行列 ............ 72
撹乱順列 ............ 147
確率 ............ 149

確率過程 ..................... 152
確率分布 ..................... 150
確率変数 ..................... 150
確率密度関数 ............... 150
カタラン数 ................. 146
加法群 ....................... 115
加法定理 ..................... 55
可約配置 ..................... 164
カルダノの方法 ............. 102
環 ........................... 112
完全順列 ..................... 147
$\Gamma$ 関数 ..................... 2
— の性質 ............... 12

【 き 】

奇関数 ....................... 60
基底 ......................... 86
軌道 ......................... 179
基本行列 ..................... 70
基本変形 ..................... 70
逆行列 ....................... 70
逆元 ......................... 121
規約剰余群 ................. 115
逆正接関数 ................... 21
京大入試 ..................... 109
共役 ......................... 126
共役複素数 ................... 96
行列 ................... 69, 127
— の $n$ 乗 ....... 74, 87, 155
極限 ......................... 29
— の定義 ............ 31, 33
虚数解 ....................... 96
虚数単位 ..................... 99
巨大素数 ..................... 122

【 く 】

偶関数 ....................... 60
組合せ ....................... 137
組合せ論 ..................... 137
グラフ ....................... 163
グラフ理論 ................. 163
群 ........................... 112
群論 ......................... 109

【 け 】

係数行列 ..................... 69
ケイリー・ハミルトン
の定理 .............. 74, 90
計量ベクトル空間 ........... 52
ゲーム理論 ................. 160
結合則 ....................... 112
原始 $n$ 乗根 ............... 106

【 こ 】

公開鍵 ....................... 121
— 暗号 ................. 121
広義積分 ..................... 12
高次方程式 ................... 63
合同式 ....................... 112
合同変換 ..................... 92

公理論的確率論 150
コーシー・シュワルツの不等式 49
コーシーの平均値の定理 32
コッホ曲線 183
固有値 74, 81
— 問題 81
固有ベクトル 79, 81
混合戦略 161

【 さ 】

最小公倍数 109
最大公約数 109
最大値の定理 35
最低保証利益 160
座標変換 80
三角関数 5, 55
— の定積分 5
三角不等式 48
3項間漸化式 59
3次方程式 102
3乗根 26
3倍角公式 55
三平方の定理 123

【 し 】

シアー変形 89
自己相似性 183
事象 149
自然対数の底 16
四則演算 125
実数 35
— 体 96
— の連続性 35
実線形空間 82
射影子 80
斜交座標 86
周期関数 23
周期軌道 180
周期点 179
重根 88
収束計算 26
十進法 130
十進無限小数表現 131
巡回群 116
巡回部分群 116
循環小数 130
循環節 131, 134
循環連分数 134
順列 137
状態遷移図 152
乗法群 115
乗法的 115
剰余 112
— 環 112
— 類 112

【 す 】

推計統計学 150
数学的帰納法 3, 21, 68
数値計算 15

数列 ........................ 137
数論 ........................ 109
スペクトル分解 ........... 80, 86
ずらし変換 .................. 89

【 せ 】

正規行列 .................... 80
正規直交関数系 .............. 52
正規分布 .................... 150
正射影 ...................... 80
整数 ................ 109, 126
— 解 .................. 125
— 問題 ................ 109
整数論 ...................... 109
— の基本定理 .......... 110
生成元 ...................... 116
正則 ................... 70, 81
— 行列 ............ 70, 87
正多角形 .................... 16
斉２次式 .................... 93
正方行列 .................... 70
絶対不等式 .................. 41
遷移行列 .................... 155
漸化式 . 26, 58, 76, 142, 152, 179
漸近軌道 .................... 180
せん断変形 .................. 89
戦略 ........................ 160

【 そ 】

素因数分解 ............. 109, 122
— の一意性 ............ 110
相加相乗平均の関係 .......... 41
相加平均 .................... 41
像空間 ...................... 73
相乗平均 .................... 41
素数 ................ 100, 109
— 定理 ................ 113
— の星座 .............. 114
存在命題 ............... 34, 36

【 た 】

体 .......................... 125
対角化 ...................... 87
対角行列 .................... 85
対角成分 ............... 75, 85
台形公式 .................... 18
対称移動 .................... 92
対称行列 .................... 80
代数学の基本定理 ............ 96
対数関数 .................... 21
代数的数 .................... 125
第２種スターリング数 ....... 143
互いに素 .................... 115
多項式近似 .................. 18
多項式時間 .................. 122
確からしさ .................. 149
単位円 ...................... 105
単位元 ...................... 116
単純拡大体 .................. 125
単数 ........................ 126

【ち】

チェビシェフ
— 多項式近似 ........... 68
— 展開 .................. 68
— の多項式 ............. 56
— のグラフ ........... 64
— の微分方程式 ......... 60
— の和の不等式 ......... 51
中間近似分数 ............... 132
中間値の定理 ............... 36
抽象代数学 ................ 115
頂点 ...................... 163
重複組合せ ................ 141
直交 ...................... 52

【て】

ディオファントス方程式 .... 125
定積分 ................. 1, 52
テイラー展開 ........... 18, 68
伝説の難問 ................ 165
電卓 ...................... 26
転置行列 .................. 93

【と】

等号成立条件 ............... 49
東大入試 .................. 15
同値関係 .................. 112
同値類 .................... 112
特性根 ................. 74, 82
特性多項式 ................ 74
特性方程式 ................ 82
独立試行 .................. 149
凸関数 .................... 45
ド・モアブルの定理 .......... 62

【な】

内積 ................... 48, 52

【に】

２項間漸化式 ............... 37
二項定理 .................. 138
二項展開 ............... 61, 111
２次形式 .................. 93
二次体 .................... 125
二重階乗 .................. 6
二進小数表現 .............. 131
２倍角公式 ................ 55
ニュートン法 .............. 26

【の】

ノコギリ波 ................ 23
ノルム ................. 52, 126

【は】

場合の数 .................. 137
媒介変数 .................. 9
ハウスドルフ次元 .......... 183
掃き出し法 ................ 70
判別式 .................... 49

【ひ】

ピタゴラス数 .............. 123

— の一般形 ............ 124
ピタゴラスの定理 ........... 123
左基本変形 .................. 70
微分方程式 .................. 60
秘密鍵 ..................... 121
標準形 ...................... 73

**【 ふ 】**

フィボナッチ数列 .. 76, 136, 144
フーリエ級数 ............ 23, 53
フーリエ余弦級数 ............ 68
フェラーリの方法 ........... 102
フェルマーの最終定理 ....... 123
フェルマーの小定理 ......... 118
復号化 ..................... 121
複素数 ...................... 95
— 体 ...................... 96
— 平面 ............. 62, 95
符号化 ..................... 121
双子素数 ................... 113
不定形 ...................... 30
不定方程式 ................. 125
不等式 ...................... 41
不動点 ................ 26, 179
— 反復法 ............ 26, 37
部分群 ..................... 116
部分商 ..................... 132
部分積分 ..................... 3
部分分数 ................... 144
フラクタル ................. 183
ブロックデザイン ........... 176
分解可能 ................... 177
分配則 ..................... 112

**【 へ 】**

平均値の定理 ............ 32, 35
平方因数 ................... 126
平方数 ..................... 123
平面グラフ ................. 163
$B$ 関数 ...................... 2
— の三角関数表現 ..... 5, 9
— の性質 ................ 5
べき級数 ................... 137
ベクトル .................... 48
ペル方程式 ................. 125
辺 ......................... 163
偏角 .................... 61, 98

**【 ほ 】**

法 ......................... 112
方向ベクトル ................ 92
法線ベクトル ................ 92
放物線 ....................... 1
母関数 ..................... 137

**【 ま 】**

マクローレン展開 ........... 138
待ち行列理論 ............... 157
マルコフ過程 ............... 152
マルコフ性 ................. 152

マルコフ連鎖 ................ 152
マンデルブロー集合 ......... 183

【 み 】

右基本変形 .................... 73
ミニマックス原理 ........... 160

【 む 】

無限級数 ............... 21, 141
無限連分数 ................. 131
無向グラフ ................. 163
無作為 ...................... 152

【 め 】

面積 ........................... 1

【 も 】

モデル ............... 149, 163
モンモール数 .............. 147

【 ゆ 】

ユークリッドの互除法 .. 110, 132
有限群 ...................... 116
有限実数列 ................... 49
有限数列 ................... 138
有限連分数 ................. 131
有向グラフ ............ 152, 163
有理式 ........................ 61
有理数
　— 解 ..................... 125
　— 体 ..................... 125
有理整数 ................... 126
ゆとり教育 .................. 15

【 よ 】

4次方程式 ................. 102
4色問題 ................... 164

【 ら 】

ライプニッツ級数 ............ 22
rank ........................ 73
ランダムウォーク ........... 158

【 り 】

離散型確率分布 ............. 150
離散時間 ................... 152
離散数学 ................... 163
離散力学系 ................. 179

【 る 】

累積分布関数 .............. 151

【 れ 】

零因子 ....................... 81
零和ゲーム ................ 161
レピュニット数 ............. 130
連続型確率分布 ............. 150
連続の公理 ................... 35
連分数 ...................... 131
　— 表現 .................. 131
連立1次方程式 .............. 69
連立漸化式 ................... 76

【 ろ 】

1/6 公式 ...................... 1
ロピタルの定理 .............. 29
ロルの定理 .................. 35

著者紹介：

**米谷達也**（よねたに・たつや）

1963 年生まれ．東京大学工学部卒業，大宮法科大学院大学修了．
数理専門塾（SEG）講師，代々木ゼミナール大学受験科講師を経て，
現在プリパス代表．
主な著書：
『パラメータを視る 変数と図形表現』，
『含意命題の探究』（現代数学社）ほか

**斉藤　浩**（さいとう・ひろし）

1965 年生まれ，東京大学工学部卒業．
（株）日立製作所 半導体部門エンジニアを経て，
現在大学受験予備校数学講師．他に著作・創作活動等．
主な著書：
『ラングレーの問題にトドメをさす！』，
『数学パズルにトドメをさす?!（全 3 巻）』（現代数学社）

---

入試問題研究 **大学数学への道** 新装版
――受験だけの数学で終わらせないために――

---

2023 年 3 月 22 日　　初版第 1 刷発行

著　者　　米谷達也・斉藤　浩
発行者　　富田　淳
発行所　　株式会社　現代数学社
〒606-8425 京都市左京区鹿ヶ谷西寺ノ前町 1
TEL 075（751）0727　FAX 075（744）0906
https://www.gensu.co.jp/
装　幀　　中西真一（株式会社 CANVAS）
印刷・製本　　亜細亜印刷株式会社

ISBN 978-4-7687-0603-9　　2023 Printed in Japan